Springer-Lehrbuch Masterclass

Stefan Liebscher

Projektive Geometrie der Ebene

Ein klassischer Zugang mit interaktiver Visualisierung

Stefan Liebscher
TNG Technology Consulting GmbH
Unterföhring
Deutschland

Die Darstellung von manchen Formeln und Strukturelementen war in einigen elektronischen Ausgaben nicht korrekt, dies ist nun korrigiert. Wir bitten damit verbundene Unannehmlichkeiten zu entschuldigen und danken den Lesern für Hinweise.

Springer-Lehrbuch Masterclass
ISBN 978-3-662-54079-4   ISBN 978-3-662-54080-0   (eBook)
https://doi.org/10.1007/978-3-662-54080-0

Die Deutsche Nationalbibliothek verzeichnet diese Publikation in der Deutschen National-bibliografie; detaillierte bibliografische Daten sind im Internet über http://dnb.d-nb.de abrufbar.

Planung: Dr. Annika Denkert

Gedruckt auf säurefreiem und chlorfrei gebleichtem Papier

Springer Spektrum ist Teil von Springer Nature
Die eingetragene Gesellschaft ist Springer-Verlag GmbH Deutschland
Die Anschrift der Gesellschaft ist: Heidelberger Platz 3, 14197 Berlin, Germany

Vorwort

La géométrie est une espèce de hochet que la nature nous a jeté
pour nous consoler et nous amuser dans les ténèbres.
(Jean-Baptiste le Rond d'Alembert an Friedrich II., 1764)

Die Geometrie ist eine Art Spielzeug, welches die Natur uns zuwarf
zum Troste und zur Unterhaltung in der Finsternis.

Die Geometrie offenbart die Schönheit der Mathematik besonders eindrucksvoll und ohne viele Vorkenntnisse. Tatsächlich löste die (Wieder-)Entdeckung der Perspektive in der Frührenaissance einen wahren „Hype"in der Malerei aus.

Auch wenn sich die Anwendung der projektiven Geometrie in der modernen Computergrafik meist auf die perspektivische Darstellung von Gitternetzen beschränkt, kann sie doch viel mehr: Sie beherbergt sowohl die euklidische als auch die nichteuklidischen Geometrien und liefert dadurch überraschende und nützliche Einsichten.

Der vorliegende Text nahm seinen Ursprung in einigen Programmierübungen, mit denen ich meinem Vater zeigen wollte, wie man interaktive geometrische Konstruktionen als JavaScript-Anwendung (ohne umständliche Java-Applets) im Web-Browser umsetzen kann. Das hat mich schließlich so begeistert, dass das Resultat dann doch etwas umfangreicher wurde: http://www.stefan-liebscher.de/geometry.php. Viele Anregungen bekam ich durch Richter-Gebert (2011) und natürlich Liebscher (2005), die ich beide auch zur weitergehenden Lektüre empfehlen kann.

Gleichzeitig kam ich zu der Überzeugung, dass die projektive Geometrie viele interessante, aber noch überschaubare Beispiele für die dynamischen Systeme, Singularitätentheorie, Differenzialgeometrie und Kosmologie bereithält. Im Ergebnis hielt ich im Sommer 2015 an der Freien Universität Berlin eine Vorlesung über projektive Geometrie. Das begleitende Skript zu dieser Vorlesung bildet die Grundlage des vorliegenden Buches.

Der zeitliche Rahmen der Vorlesung (14 Doppelstunden) zwang mich zu einer starken inhaltlichen Selektion. Darüber hinaus war mein Ziel, geometrisches Vorstellungsvermögen zu nutzen und zu entwickeln. Daher beschränke ich mich weitestgehend auf die reelle projektive Ebene. Grundlegende Begriffe und Techniken der projektiven Geometrie werden jedoch besprochen und alle Aussagen vollständig bewiesen. Insbesondere in der zweiten Hälfte des Buches weicht die Auswahl der behandelten Themen dann deutlich von üblichen Darstellungen ab, um ausgewählte Aspekte von Kegelschnitten näher zu beleuchten, die mich persönlich besonders faszinieren. Ich hoffe, dass diese Faszination beim Lesen des Buches überspringt. Das Abschlusskapitel schließlich wird man so in keinem Lehrbuch finden.

An vielen Stellen finden sich Verweise auf vorbereitete Konstruktionen in der eingangs erwähnten Browser-Applikation, mit der man die dargestellten Sätze im Computerexperiment „überprüfen" kann.

Besonderes Augenmerk möchte ich noch auf die Übungsaufgaben richten. Diese sind nicht nur schmückendes Beiwerk. Mathematik zu studieren, ohne sich mit ihr anhand von Übungsaufgaben auseinanderzusetzen, ist wie der Versuch, schwimmen zu lernen, ohne ins Wasser zu gehen. Aus eigener Erfahrung als Student weiß ich, dass dazu aber immer wenigstens ein klein bisschen Ansporn nötig ist. Daher sind den Aufgaben keine Lösungen beigefügt – ich selbst würde als Leser zu schnell mangelnde Zeit als Grund vorschieben, um dort nachzuschauen. Die Aufgaben können in der Regel aber mit den unmittelbar vor ihnen bereitgestellten Resultaten und Methoden bearbeitet werden. Auch als Dozent war ich kein Freund von Musterlösungen. Einerseits sind sie zu leicht zu kopieren. Andererseits gehören auf die Übungszettel keine Aufgaben, für die der Dozent selbst eine Musterlösung braucht.

München, April 2017   Stefan Liebscher

Inhaltsverzeichnis

Tabellenverzeichnis

Symbolverzeichnis

$\mathbb{Z}$	Menge der ganzen Zahlen
$\mathbb{R}$	Körper der reellen Zahlen
$\mathbb{C}$	Körper der komplexen Zahlen
$\mathbb{K}$	Körper der reellen oder komplexen Zahlen
$\mathbb{R}P$	reeller projektiver Raum
$\mathbb{C}P$	komplexer projektiver Raum
$\sim$	Gleichheit bis auf skalare Vielfache, Äquivalenz im projektiven Raum
$:=, :\sim$	Definition
$A, B, C, \ldots$	projektive Punkte, Spaltenvektoren
$a, b, c, \ldots$	projektive Geraden, auch als Spaltenvektoren
$a^{\mathrm{T}}, b^{\mathrm{T}}, c^{\mathrm{T}}, \ldots$	projektive Geraden als Zeilenvektoren bzw. 1-Formen
$\mathcal{A}, \mathcal{B}, \mathcal{C}, \ldots$	lineare Abbildungen, quadratische Formen, Matrizen
$P^{\mathrm{T}}, g^{\mathrm{T}}, M^{\mathrm{T}}$	transponierte Spalten bzw. Matrizen
$\times$	Vektorprodukt
$\mathcal{X}_A$	lineare Abbildung, die das Vektorprodukt mit A realisiert: $\mathcal{X}_A B = A \times B$
det	Determinante, $\det [ABC] = A^{\mathrm{T}}(B \times C)$
$[ABC]$	abgekürzte Schreibweise der Determinanten
$M^{\triangle}$	adjugierte Matrix, d. h. transponierte Kofaktormatrix
$\mathcal{C}^{\triangle}$	duale quadratische Form, skalares Vielfaches der adjugierten Matrix

$\mathcal{C}[P]$ Anwendung der quadratischen Form, $\mathcal{C}[P] = P^{\mathrm{T}}\mathcal{C}P$

$(\mathcal{C}, \mathcal{C}^{\triangle})$ Kegelschnitt

$(\Omega, \Omega^{\triangle})$ absoluter Kegelschnitt, Horizont

$(A, B; C, D)$ Doppelverhältnis

diag   Diagonalmatrix

Sim   Gruppe der Ähnlichkeitsabbildungen

Cong   Gruppe der Kongruenzen

Übersicht

1.1 Zusammenfassung

Im Mittelalter weitgehend vergessen, wurde die Perspektive zunächst durch die Künstler der Frührenaissance wiederentdeckt, um Tiefenwirkung zu erzielen. Vorreiter wie Giotto di Bondone bemühten sich noch mit wechselndem Erfolg. Die Filippo Brunelleschi zugeschriebenen konstruktiven Prinzipien der Perspektive lösten einen regelrechten „Hype" in der Malerei aus. Perspektivische Darstellungen unterschiedlicher Komplexität finden sich neben vielen anderen bei Leonardo da Vinci *(Verkündigung)*, Albrecht Dürer *(Der heilige Hieronymus)* und Raffael *(Vermählung Mariä)*.

Fasziniert von einer der wenigen antiken Schriften, die dem wissenschaftlichen Niedergang nicht zum Opfer fiel, quälten sich die Mathematiker in den zwei Jahrtausenden nach Euklid mit der Frage, ob durch einen Punkt wirklich nur eine Parallele gehen kann. Als János Bolyai, Nikolaj Lobačevskij und Carl Friedrich Gauß unabhängig voneinander endlich die Antwort in Form der nichteuklidischen Geometrien fanden, wurden sie jedoch weitgehend ignoriert oder gingen mit ihren Ideen erst gar nicht an die Öffentlichkeit.

Arthur Cayley und Felix Klein verdanken wir schließlich die Einbettung der euklidischen und nichteuklidischen Geometrien als Modelle der projektiven Geometrie. Dadurch gestattet der projektive Raum einen einheitlichen Zugang zu den verschiedenen

© Springer-Verlag GmbH Deutschland 2017
S. Liebscher, *Projektive Geometrie der Ebene*, Springer-Lehrbuch Masterclass,
https://doi.org/10.1007/978-3-662-54080-0_1

Geometrien. Das kann unserer Intuition eine große Hilfe sein, wenn wir Fragen z. B. der Differenzialgeometrie, Dynamik oder Kosmologie studieren.

Um die Sachverhalte auch zeichnerisch darstellen zu können, wollen wir uns weitestgehend auf die (reelle) projektive Ebene beschränken und damit beschäftigen, was man dort mit Kegelschnitten so alles anfangen kann. Hier zeigt sich die durch den projektiven Zugang erreichbare Klarheit auf besonders beeindruckende Weise. Dabei werden wir erkennen, dass/wie man Geometrie betreiben kann, ohne zu messen. Auch wollen wir verstehen, inwiefern die euklidische Ebene – also unsere übliche geometrische Vorstellungswelt – ein singulärer Grenzfall (unter den Cayley-Klein-Geometrien) ist und wie uns das helfen kann, geometrische Sachverhalte zu verstehen.

In der Tat wird auf der projektiven Ebene eine Geometrie gewählt, indem ein absoluter Kegelschnitt als Menge der unendlich fernen Punkte ausgezeichnet wird. (Der absolute Kegelschnitt der euklidischen Ebene degeneriert dabei zu einer Doppelgeraden – dem Horizont.) Eigenschaften von Kegelschnitten – z. B. ihre Brennpunkte oder die Eigenschaft, ein Kreis zu sein – werden so zu Relationen zwischen Kegelschnitten.

Dies kann auch eindrucksvoll am Computer dargestellt werden. So finden wir z. B.:

das vollständige Viereck als fundamentale Konstruktion der projektiven Geometrie

www.stefan-liebscher.de/geometry?preset=quadrangle&metric=elliptic

die Brennpunkte zweier Kegelschnitte als Ecken des vollständigen Vierseits ihrer gemeinsamen Tangenten

www.stefan-liebscher.de/geometry?preset=foci&metric=elliptic

Büschel von Kegelschnitten

www.stefan-liebscher.de/geometry?preset=pencil&metric=elliptic&webgl

duale Büschel von Kegelschnitten

www.stefan-liebscher.de/geometry?preset=pencildual&metric=elliptic&webgl

Kreisbüschel

www.stefan-liebscher.de/geometry?preset=pencilcircle&metric=elliptic&webgl

Büschel von Horozyklen

www.stefan-liebscher.de/geometry?preset=pencilhoro&metric=elliptic&webgl

einen animierten Rundkurs durch die Geometrien

www.stefan-liebscher.de/geometry?preset=animfoci&metric=elliptic&webgl

Studierenden der Mathematik eröffnet die projektive Geometrie die Chance, fundamentale Sachverhalte der Differenzialgeometrie, Dynamik und Kosmologie an einem interessanten, nichttrivialen Beispiel zu verstehen, das der geometrischen Anschauung noch zugänglich ist.

Motivierten Lehramtsstudierenden sollten hier viele Überraschungen begegnen, die (nicht nur) Schüler begeistern können. Die projektive Geometrie wird zwar auch in der allgemeinen Geometrievorlesung angesprochen, für die hier verfolgte Sichtweise bleibt dort aber in der Regel keine Zeit.

Studierende der Informatik interessieren sich außerdem vielleicht für Möglichkeiten und Schwierigkeiten, die projektive Ebene als JavaScript-Anwendung umzusetzen. Insbesondere zeigt sich hier, dass die direkte Nutzung der Grafikkarte im Web-Browser nicht nur den Online-Ego-Shootern nutzt.

Vorkenntnisse aus der linearen Algebra und (Elementar-)Geometrie werden sich als nützlich erweisen.

1.2 „Eingangstest"

Was glauben wir aus der Geometrie noch zu wissen?

1. Wie viele Mittelpunkte hat ein Punktepaar?
2. Wie viele Winkelhalbierende hat ein Linienpaar?
3. Wie viele Kreise gehen durch drei gegebene Punkte?
4. Wie viele Kreise berühren drei gegebene Linien?
5. Wie viele Brennpunkte hat eine Ellipse?
6. Was ist ein Kreis?
7. Wie viele seiner Brennpunkte fallen im Mittelpunkt eines Kreises zusammen?

1.3 Historisches zu Perspektive und Geometrie

Ohne Anspruch auf Vollständigkeit enthält Tab. 1.1 einige Daten, Namen und Stichworte, die eine historische Einordnung der projektiven Geometrie andeuten. Lebensläufe der genannten Personen finden sich z. B. im „MacTutor History of Mathematics archive" (http://www-history.mcs.st-and.ac.uk).

Tab. 1.1 Historische Einordnung der projektiven Geometrie

356–323	Alexander III. von Makedonien	
325–265	Euklid von Alexandria	Geometrie, Optik
262–190 v.Chr.	Apollonius von Perga	Kegelschnitte
79 n.Chr.	Pompeji	Römische Wandmalerei, Scheinarchitektur
290–350	Pappos von Alexandria	Satz von Pappos
355–415	Hypatia von Alexandria	Finaler Niedergang antiker Wissenschaft
965–1040	Ibn al-Haytham	Optik
1048–1131	Omar Khayyam	Kegelschnitte, Geometrie
1266–1337	Giotto di Bondone	Fresken mit Ansätzen von Perspektive
	Steigendes Interesse und Verfügbarkeit antiker Schriften in Europa	
1377–1446	Filippo Brunelleschi	Konstruktive Prinzipien der Perspektive
1453		Eroberung Konstantinopels
1415–1492	Piero della Francesca	De Prospectiva Pingendi
1452–1519	Leonardo da Vinci	Perspektive mit einem Fluchtpunkt
1483–1520	Raffaello Sanzio da Urbino	Mehrere Fluchtpunkte, Horizont
1471–1528	Albrecht Dürer	Perspektive mit einem Fluchtpunkt
1591–1661	Gérard Desargues	Perspektive, Kegelschnitte, Doppelverhältnis
1623–1662	Blaise Pascal	Verallgemeinerung des Satzes von Pappos
1640–1697	Jørgen Mohr	Konstruktion allein mit dem Zirkel
1685–1731	Brook Taylor	Mathematische Grundlagen der Perspektive
1746–1818	Gaspard Monge	Darstellende Geometrie
1750–1800	Lorenzo Mascheroni	Konstruktion allein mit dem Zirkel
1771–1859	Joseph Diaz Gergonne	Dualität
1777–1855	J. Carl Friedrich Gauß	Krümmung, hyperbolische Geometrie
1783–1864	Charles J. Brianchon	Duale Version des Satzes von Pascal
1788–1867	Jean-Victor Poncelet	Konstruktion mit Lineal und festem Kreis
1790–1868	August Ferdinand Möbius	Homogene Koordinaten, Dualität
1792–1856	Nikolaj I. Lobačevskij	Hyperbolische Geometrie
1793–1880	Michel Chasles	Doppelverhältnis, Involution, Büschel
1796–1863	Jakob Steiner	Konstruktion mit Lineal und festem Kreis
1798–1867	Karl G. C. von Staudt	Synthetische Geometrie, Fundamentalsatz

Tab. 1.1 (Fortsetzung)

1801–1868	Julius Plücker	Plücker-Koordinaten, Kegelschnittbüschel
1802–1860	János Bolyai	Hyperbolische Geometrie
1809–1877	Hermann G. Graßmann	Vektor- und Tensorrechnung
1821–1895	Arthur Cayley	Gruppentheorie, Klassifizierungsansätze
1826–1866	G. F. Bernhard Riemann	Differenzialgeometrie
1835–1900	Eugenio Beltrami	Modelle der hyperbolischen Ebene
1849–1925	Felix C. Klein	Erlanger Programm, Klein (1871)
1854–1912	J. Henri Poincaré	Nichteuklidische Geometrien
1862–1943	David Hilbert	Moderne Axiomatisierung, Hilbert (1899)

Die projektive Geometrie teilt dabei das Schicksal so vieler anderer europäischer Wissenschaften: Nach der Blüte im antiken Griechenland für tausend Jahre vergessen, wurde sie in der Renaissance wiederentdeckt. Geschichtlich Interessierten möchte ich hier Russo (2005) ans Herz legen: Kein Krimi kann spannender sein.

Auf das Erlanger Programm von Felix Klein werden wir in Kap. 5 zurückkommen. Es beschreibt die Einbettung bestimmter metrischer Geometrien konstanter Krümmung in die projektive und stellt damit den fundamentalen Durchbruch der Theorie dar. Die einbettbaren metrischen Geometrien, zu denen auch die euklidische zählt, nennen wir projektiv-metrisch.

1.4 Ausblick

Was wollen wir im Rahmen dieses Buches verstehen? Die zentralen Themen sind:

1. das vollständiges Viereck als Vermittler harmonischer Verhältnisse
2. die durch Kegelschnitte vermittelte Polarität von Punkten und Geraden
3. die Erzeugung der Geometrie durch ihre Spiegelungen
4. die Auswahl der Spiegelungen durch die Polarität am Horizont
5. die Klassifikation der Cayley-Klein-Geometrien
6. Brennpunkte als Eigenschaft von Kegelschnittpaaren
7. Kreise
   a) als Kurven mit konstantem Abstand vom Mittelpunkt
   b) nur in ungekrümmten Räumen: als Kurven konstanten Peripheriewinkels über einer Sehne
   c) als Figuren mit kontinuierlicher Automorphismengruppe
   d) als Figuren, die spiegelsymmetrisch in ihren Durchmessern sind
   e) als Kegelschnitte mit vier identischen Brennpunkten
   f) als Kegelschnitte, die den Horizont zweimal berühren

8. die Gärtnerkonstruktion der Kegelschnitte mit
    a) fester Abstandssumme/-differenz vom Brennpunktpaar
    b) spiegelbildlichen Paaren der Brennpunktsehnen
    c) kollinearen Polen jeder Brennpunktsehne
    d) Kreisen bildenden Spiegelbildern jedes Brennpunktes
9. als Bonus: die drei brennpunktteilenden Ellipsen

Grundbegriffe 2

Übersicht

Dieses Kapitel behandelt die grundlegenden Objekte der projektiven Geometrie: Punkte und Linien. Das schließt auch ihre algebraischen Darstellungen, ihre Dualität und die Doppelverhältnisse zwischen ihnen mit ein.

In der Perspektive sehen wir das unendlich Ferne als Horizont. Der projektive Raum ist dementsprechend der um das unendlich Ferne erweiterte affine Raum. Dabei starten wir mit dem bekannten affinen Raum, der bereits reell (oder komplex) koordinatisiert ist. Die Inzidenzrelationen können dann algebraisch ausgedrückt werden.

Es wäre auch ein synthetischer Zugang möglich: Wir könnten mit Punkten, Linien und ihren Inzidenzen starten und dann nach algebraischen Darstellungen suchen. Dies führt auf allgemeinere projektive Räume, für die unsere geometrische Vorstellung aber weniger hilfreich ist.

Zum weiterführenden Studium sei auf Beutelspacher und Rosenbaum (2004) sowie Coxeter (1987) verwiesen.

© Springer-Verlag GmbH Deutschland 2017
S. Liebscher, *Projektive Geometrie der Ebene*, Springer-Lehrbuch Masterclass,
https://doi.org/10.1007/978-3-662-54080-0_2

2.1 Der projektive Raum

Der reelle projektive Raum kann aus der Sphäre durch Identifizieren der Antipoden oder aus dem affinen Raum durch Hinzufügen der unendlich fernen Punkte gewonnen werden, d. h.

$$
\begin{aligned}
\mathbb{R}P^N &= S^N/\text{Antipoden} \\
&= \mathbb{R}^N \,\dot{\cup}\, \mathbb{R}P^{N-1} \\
&= \left(\mathbb{R}^{N+1} \setminus \{0\}\right) / (\mathbb{R} \setminus \{0\}) \\
&= \left\{\text{ 1-dimensionale Unterräume des } \mathbb{R}^{N+1} \right\}.
\end{aligned}
\tag{2.1}
$$

Er ist (zunächst) mit der durch seine doppelte Überlagerung S^N induzierten Metrik versehen und kompakt. Der reelle projektive Raum ist eingebettet in den komplexen projektiven Raum

$$
\mathbb{R}P^N \subset \mathbb{C}P^N = \left(\mathbb{C}^{N+1} \setminus \{0\}\right) / (\mathbb{C} \setminus \{0\}).
\tag{2.2}
$$

Speziell erhalten wir die reelle projektive Gerade

$$
\mathbb{R}P^1 = \mathbb{R} \cup \{\infty\} = S^1/\text{Antipoden} \cong S^1
\tag{2.3}
$$

als Kreislinie und die komplexe projektive Gerade

$$
\mathbb{C}P^1 = \mathbb{C} \cup \{\infty\}
\tag{2.4}
$$

als Riemann-Sphäre.

Die reelle projektive Ebene $\mathbb{R}P^2$ ist die um die Ferngerade erweiterte affine Ebene, wobei die Fernpunkte in entgegengesetzter Richtung jeweils identifiziert werden. Wir zeichnen in $\mathbb{R}P^2$, rechnen aber in $\mathbb{C}P^2$, genauer in projektiven Koordinaten in $\mathbb{C}^3$:

$$
\begin{pmatrix} x \\ y \\ z \end{pmatrix} \sim \lambda \begin{pmatrix} x \\ y \\ z \end{pmatrix} = \begin{pmatrix} \lambda x \\ \lambda y \\ \lambda z \end{pmatrix}, \qquad \lambda \in \mathbb{C} \setminus \{0\}.
\tag{2.5}
$$

Die Zeichenebene ist in der Regel $\{z = 1\}$, sodass die projektive Gerade $\{z = 0\}$ jenseits der Zeichenebene liegt. Wir schreiben auch $\mathbb{K}$ für $\mathbb{R}$ bzw. $\mathbb{C}$.

2.2 Punkte und Linien

Punkte

$$0 \;\neq\; P \;=\; P^k \;=\; \begin{pmatrix} P^1 \\ P^2 \\ P^3 \end{pmatrix} \tag{2.6}$$

mit der Äquivalenz $P \sim \lambda P$ bilden die projektive Ebene $\mathbb{K}P^2$, d. h. 1-dimensionale Unterräume des $\mathbb{K}^3$. Geraden/Linien sind zweidimensionale Unterräume des $\mathbb{K}^3$, dargestellt als 1-Formen (bei leichtem Missbrauch der Notation), ggf. im Ricci-Kalkül:

$$0 \;\neq\; g \;=\; \left\{ P \mid g^{\mathrm{T}} P = 0 \right\} \;=\; g_k \;=\; \left\{ P^k \mid g_k P^k = 0 \right\}. \tag{2.7}$$

(In der vom Ricci-Kalkül der Differenzialgeometrie herrührenden Schreibweise $g_k P^k$ wird über den doppelt auftauchenden Index k summiert; die Schreibweisen P^k, g_k bezeichnen Vektoren bzw. 1-Formen mit freiem Index k.) Die Geraden bilden wieder eine projektive Ebene $\mathbb{K}P^2$, dual zur ursprünglichen. In der Tat sind die Begriffe „Punkt" und „Gerade" austauschbar.

Inzidenz ist damit bereits erklärt:

$$P \in g \;\; :\!\Longleftrightarrow\;\; g^{\mathrm{T}} P = 0 \;\; \Longleftrightarrow \;\; g_k P^k = 0. \tag{2.8}$$

Je zwei (verschiedene) Geraden schneiden sich in genau einem Punkt:

$$g \cap h \;\sim\; g \times h \;=\; \varepsilon^{jk\ell} g_k h_\ell. \tag{2.9}$$

Durch je zwei (verschiedene) Punkte verläuft genau eine Gerade:

$$P \times Q \;=\; \varepsilon_{jk\ell} P^k Q^l. \tag{2.10}$$

Hierbei ist $\varepsilon^{jkl} = \varepsilon_{jkl}$ der antisymmetrische Tensor mit $\varepsilon_\pi = \operatorname{sgn} \pi$ für jede Permutation π der Indices, d. h.

$$P^{\mathrm{T}}(Q \times R) \;=\; \varepsilon_{jk\ell} P^j Q^k R^\ell \;=\; \det[PQR]. \tag{2.11}$$

In der Tat ist stets

$$g^{\mathrm{T}}(g \times h) \;=\; \varepsilon^{jk\ell} g_j g_k h_\ell \;=\; \det[ggh] \;=\; 0.$$

Also liegt $g \times h$ wirklich auf h.

Übung 2.1 Der Schnitt konjugiert komplexer Geraden ist – ebenso wie die Gerade durch zwei konjugiert komplexe Punkte – reell.

Drei Punkte P, Q, R sind kollinear, wenn sie auf einer gemeinsamen Geraden liegen, also wenn $\det[PQR] = 0$. Ebenso sind drei Geraden g, h, s konkurrent, wenn sie durch einen gemeinsamen Punkt gehen, also ebenfalls wenn $\det[ghs] = 0$.

Determinanten werden so zu einem zentralen Objekt in der algebraischen Betrachtung des projektiven Raumes. Zur Abkürzung der Notation verwende ich ggf. eine abgekürzte Schreibweise:

$$[ABC] \ := \ \det[ABC].$$

Jeder Punkt kann auch auch als 1-Form (genauer $(N-1)$-Form mit $N = 2$ für die projektive Ebene) und jede 1-Form als Punkt interpretiert werden. Punkte und Geraden (Hyperebenen) der projektiven Ebene (des projektiven Raumes) sind zueinander dual.

Übung 2.2 Zeige, dass

$$g \times (P \times Q) \ \sim \ (g^{\mathrm{T}}Q)P - (g^{\mathrm{T}}P)Q. \tag{2.12}$$

(In der Tat gilt Gleichheit.) Interpretiere die Terme geometrisch.

2.3 Projektive Abbildungen

Invertierbare lineare Abbildungen $\mathcal{L}\colon \mathbb{K}^3 \to \mathbb{K}^3$ induzieren Abbildungen des $\mathbb{K}P^2$, die Punkte, Linien und Inzidenz erhalten. Wir werden in Abschn. 3.4 sogar die Umkehrung beweisen:

Satz 3.10 (Fundamentalsatz) *Jede Bijektion* $\mathcal{L}\colon \mathbb{R}P^N \to \mathbb{R}P^N$, $N \geq 2$, *die Geraden (d. h. Kollinearität von Punkten) erhält, wird von einer invertierbaren linearen Abbildung* $\mathcal{L} \in \mathrm{GL}(N+1, \mathbb{R})$ *induziert.*

Wir definieren projektive Abbildungen als die durch Elemente aus $\mathrm{GL}(N, \mathbb{K})$ induzierten. In der Ebene werden sie durch Vierecke vermittelt:

Satz 2.3 *Sind vier Urbildpunkte* P, Q, R, S *in allgemeiner Lage (d. h. keine drei kollinear) und vier Bildpunkte* $\tilde{P}, \tilde{Q}, \tilde{R}, \tilde{S}$ *(ebenfalls keine drei kollinear) in* $\mathbb{K}P^2$ *gegeben, so existiert genau eine projektive Abbildung auf* $\mathbb{K}P^2$, *die die vorgegebenen Punkte auf ihre entsprechenden Bilder abbildet.*

Beweis (Wähle Vertreter in $\mathbb{K}^3$.) O.B.d.A. (ohne Beschränkung der Allgemeinheit) sind

$$
P = \begin{pmatrix} 1 \\ 0 \\ 0 \end{pmatrix}, \quad
Q = \begin{pmatrix} 0 \\ 1 \\ 0 \end{pmatrix}, \quad
R = \begin{pmatrix} 0 \\ 0 \\ 1 \end{pmatrix}, \quad
S = \begin{pmatrix} 1 \\ 1 \\ 1 \end{pmatrix}.
$$

(Zerlege die gesuchte Abbildung ggf. in zwei Abbildungen mit den obigen speziellen Punkten als Zwischenschritt.) Der Ansatz

$$
\mathcal{L} = \begin{pmatrix} \lambda \tilde{P} & \mu \tilde{Q} & \nu \tilde{R} \end{pmatrix}, \qquad \lambda, \mu, \nu \neq 0,
$$

liefert

$$
\mathcal{L} S = \tilde{S} \quad \Longleftrightarrow \quad \begin{pmatrix} \tilde{P} & \tilde{Q} & \tilde{R} \end{pmatrix} \begin{pmatrix} \lambda \\ \mu \\ \nu \end{pmatrix} = \tilde{S}.
$$

Nun ist $\det [\tilde{P}\tilde{Q}\tilde{R}] \neq 0$ nach Voraussetzung, also gibt es eine (bis auf Skalierung) eindeutige Lösung $(\lambda, \mu, \nu) \in \mathbb{K}P^2$. $\qquad\qquad\qquad\square$

Übung 2.4 Die durch $\mathcal{L} \in \mathrm{GL}(3, \mathbb{K})$ auf den Geraden der projektiven Ebene induzierte Abbildung ist durch ihre inverse Transponierte gegeben, d. h.

$$
P \longmapsto \mathcal{L}P, \qquad g \longmapsto \mathcal{L}^{-\mathrm{T}}g. \tag{2.13}
$$

2.4   Die projektive Gerade

Die Geraden der projektiven Ebene sind selbst wieder projektive Räume:

$$
\begin{aligned}
\mathbb{K}P^1 &= \left(\mathbb{K}^2 \setminus \{0\} \right) / \left(\mathbb{K} \setminus \{0\} \right) \\
&\cong \left\{ \lambda P + \mu Q \mid (\lambda, \mu) \in \mathbb{K}P^1 \right\}, \qquad P \neq Q.
\end{aligned} \tag{2.14}
$$

Die projektiven Abbildungen werden wieder durch invertierbare lineare Abbildungen $\mathcal{L} \in \mathrm{GL}(2, \mathbb{K})$ induziert. Wählen wir Repräsentanten $P = \binom{p}{1}$, so sind dies die Möbius-Transformationen

$$
p \longmapsto \frac{ap+b}{cp+d}, \qquad \mathcal{L} = \begin{pmatrix} a & b \\ c & d \end{pmatrix}. \tag{2.15}
$$

Abb. 2.1 Koordinatenwechsel
der projektiven Geraden

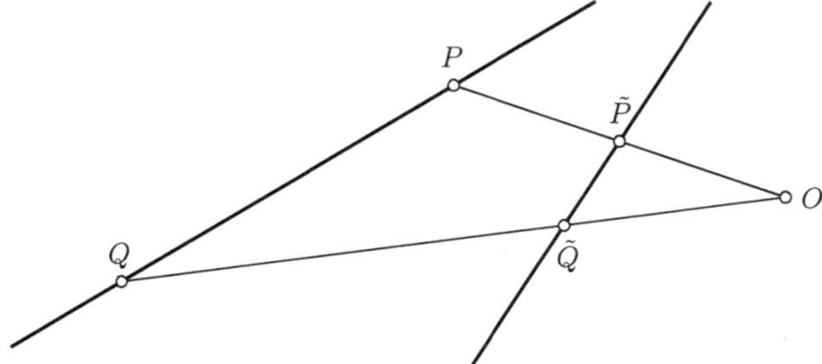

Satz 2.5 *Sind drei paarweise verschiedene Urbildpunkte* P, Q, R *und drei Bildpunkte* $\tilde{P}, \tilde{Q}, \tilde{R}$ *(ebenfalls paarweise verschieden) in* $\mathbb{K}P^1$ *gegeben, so existiert genau eine projektive Abbildung auf* $\mathbb{K}P^1$, *die die vorgegebenen Punkte auf ihre entsprechenden Bilder abbildet.*

Beweis Der Beweis ist analog zum entsprechenden Satz 2.3 für die Ebene. $\square$

Wählen wir zwei verschiedene Punkte $P, Q \in g$ einer projektiven Geraden g, genauer *feste* Vertreter $P, Q \in \mathbb{K}^3 \setminus \{0\}$, so finden wir die baryzentrischen Koordinaten

$$\mathbb{K}P^1 \;\cong\; \left\{ \lambda P + \mu Q \;\middle|\; (\lambda, \mu) \in \mathbb{K}P^1 \right\}. \tag{2.16}$$

Der Koordinatenwechsel zu zwei anderen Bezugspunkten $\tilde{P}, \tilde{Q} \in \tilde{g}$ ist eine projektive Abbildung. Betrachte dazu homogene Koordinaten mit Ursprung O außerhalb der Geraden (Abb. 2.1). Im Fall $g \sim \tilde{g}$ nutze eine weitere Gerade $h \neq g$ als Zwischenschritt.

2.5 Doppelverhältnisse

Das Doppelverhältnis zweier (geordneter) Punktepaare auf der projektiven Geraden ist über die Determinanten ihrer homogenen Koordinaten oder die vorzeichenbehafteten (euklidischen) Abstände in einer beliebigen Projektion definiert:

$$(P, Q; R, S) \;:=\; \frac{\det[PR]\,\det[QS]}{\det[PS]\,\det[QR]} \;=\; \frac{P - R}{P - S} \Big/ \frac{Q - R}{Q - S} \tag{2.17}$$

(Abb. 2.2). In der Tat ist das Doppelverhältnis unabhängig

- von der Wahl der Vertreter der Punkte, d. h. der Skalierung ihrer Koordinaten,
- von der Wahl des Ursprungs O in $\mathbb{K}^2$,
- von der Wahl der Projektion, d. h. der Linie ℓ,
- (und folglich) von beliebigen projektiven Transformationen der projektiven Geraden.

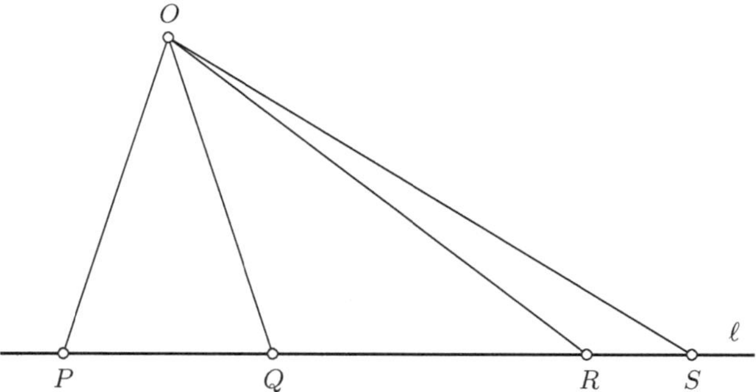

Abb. 2.2 Das Doppelverhältnis

Vertauschung der Punkte liefert:

$$
\begin{aligned}
(P, Q; R, S) \;&=\; (R, S; P, Q) && \text{(Tausch der Paare)},\\
&=\; 1/(P, Q; S, R) && \text{(Tausch innerhalb eines Paares)}, && (2.18)\\
&=\; 1 - (P, R; Q, S) && \text{(Tausch zwischen den Paaren)}.
\end{aligned}
$$

(Für die letzte Gleichung wähle o.B.d.A. $P = \binom{1}{0}$ und $S = \binom{0}{1}$.) Insbesondere gilt

$$
(P, Q; R, S) \;=\; 1 \quad \Rightarrow \quad P \sim Q \text{ oder } R \sim S. \tag{2.19}
$$

Ist die projektive Gerade als Linie ℓ in der projektiven Ebene gegeben, so kann das Doppelverhältnis auch über die Determinanten bezüglich eines beliebigen Zentrums $O \in \mathbb{KP}^2 \setminus \ell$ ausgedrückt werden:

$$
(P, Q; R, S) \;=\; \frac{\det [OPR]\, \det [OQS]}{\det [OPS]\, \det [OQR]}. \tag{2.20}
$$

Der Ausdruck ist nach wie vor unabhängig von projektiven Transformationen der Ebene und der Wahl des Punktes $O \notin \ell$. Analog kann das Doppelverhältnis zweier Paare konkurrenter Geraden definiert werden.

Übung 2.6 Definiere das Doppelverhältnis zweier Paare $(P, q), (R, s)$ aus Punkt und Gerade durch

$$
(P, q; R, s) \;:=\; 1 - \frac{(q^{\mathrm{T}}P)\,(s^{\mathrm{T}}R)}{(s^{\mathrm{T}}P)\,(q^{\mathrm{T}}R)} \;=\; 1 - \frac{P^{k}q_{k}R^{\ell}s_{\ell}}{P^{\ell}q_{k}R^{k}s_{\ell}}. \tag{2.21}
$$

Zeige, dass dies mit dem Doppelverhältnis $(P, Q;\ R, S)$ übereinstimmt, sofern Q, S die Schnittpunkte von q, s mit der Geraden durch P und R bezeichnen. Diskutiere Symmetrieeigenschaften. Bringe insbesondere den Tausch

$$(P, q;\ R, s)\ =\ 1 - \frac{1}{1 - (P, s;\ R, q)}$$

zwischen den Paaren in Einklang mit (2.18).

Übung 2.7 Definiere das Doppelverhältnis eines Punktepaares (P, Q) und eines Geradenpaares (r, s) durch

$$(P, Q;\ r, s)\ :=\ \frac{(r^{\mathrm{T}} P)\, (s^{\mathrm{T}} Q)}{(s^{\mathrm{T}} P)\, (r^{\mathrm{T}} Q)}\ =\ \frac{P^k Q^\ell\, r_k s_\ell}{P^\ell Q^k\, r_k s_\ell}. \tag{2.22}$$

Zeige, dass dies mit dem Doppelverhältnis $(P, Q;\ R, S)$ übereinstimmt, sofern R, S die Schnittpunkte von r, s mit der Geraden durch P und Q bezeichnen. Diskutiere Symmetrieeigenschaften.

Übung 2.8 Ersetze in (2.22) die Geraden r, s durch

$$\tilde{r}\ :=\ r + \lambda(P \times Q), \qquad \tilde{s}\ :=\ s + \mu(P \times Q)$$

und vergleiche dies mit der Wahl eines anderen Zentrums O in (2.20). Zeige so, dass (2.20) tatsächlich unabhängig von O ist.

Definition 2.9 Ist ihr Doppelverhältnis -1, so nennen wir die (ungeordneten) Punktepaare bzw. Geradenpaare auch *harmonisch*.

Harmonische Verhältnisse spielen in Kap. 3 eine tragende Rolle.

2.6 Der Satz von Pappos

Satz 2.10 (Pappos von Alexandria) *Liegen die Ecken eines (ebenen, überschlagenen) Sechsecks abwechselnd auf zwei Geraden, so schneiden sich die Paare gegenüberliegender Seiten in drei kollinearen Punkten (Abb. 2.3 links).*

Alternative, selbstduale Version: Verlaufen in einem Sechseck zwei Diagonalen durch die Schnittpunkte der jeweilig gegenüberliegenden Seiten, so ist auch die dritte Diagonale zu den beiden ihr gegenüberliegenden Seiten konkurrent (Abb. 2.3 rechts).

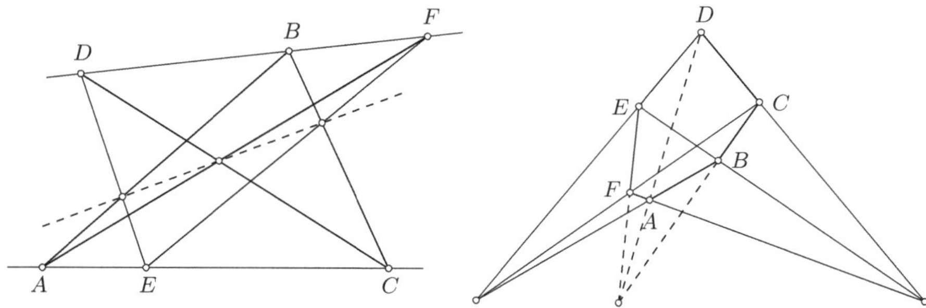

www.stefan-liebscher.de/geometry?preset=pappus&metric=elliptic

Abb. 2.3 Der Satz von Pappos

Beweis Wir setzen die allgemeine Lage der Ausgangspunkte $ABCDEF$ voraus. Die vorausgesetzten Kollinaritäten können wir in Determinanten ausdrücken:

$$\det[AEC] \;=\; \det[DBF] \;=\; 0.$$

Der Schnittpunkt zweier durch je zwei Punkte gegebenen Geraden, z. B. $\overline{AB}$ und $\overline{DE}$, ist gegeben durch

$$(A \times B) \times (D \times E) \;\sim\; \det[ABE]D - \det[ABD]E.$$

Diese Darstellung geht auf Plücker zurück, beachte die Variante (2.12). (Die Kollinearität mit A, B bzw. C, D kann direkt getestet werden.) Die behauptete Kollinearität der Schnittpunkte kann erneut als Determinantengleichung ausgedrückt werden:

$$\begin{aligned}
0 \;=\; &\;[ABE][CDA][EFC][DFB] - [ABE][CDA][EFB][DFC] \\
&- [ABE][CDF][EFC][DAB] + [ABE][CDF][EFB][DAC] \\
&- [ABD][CDA][EFC][EFB] + [ABD][CDA][EFB][EFC] \\
&+ [ABD][CDF][EFC][EAB] - [ABD][CDF][EFB][EAC]
\end{aligned}$$

Diese Identität folgt direkt aus der Voraussetzung. Beachte dabei die drei Paare sich aufhebender Terme.

Etwas kürzer und eleganter ist der Beweis in der alternativen Formulierung. Aus den Voraussetzungen

$$0 \;=\; [EDB][AFC] - [EDA][BFC],$$
$$0 \;=\; [AFD][CBE] - [AFC][DBE]$$

folgt durch Addition ohne Umschweife die Behauptung

$$0 \ = \ [CBF][EDA] - [CBE][FDA].$$

Die Äquivalenz beider Formulierungen erkennt man z. B., indem man in der Originalversion F, C durch ihre Diagonalpunkte ersetzt und D, E vertauscht. $\qquad\square$

Der Satz von Pappos ist Ausdruck der Kommutativität der unserer Koordinatisierung zugrunde liegenden reellen bzw. komplexen Zahlen. Projektive Räume, in denen der Satz nicht gültig ist, können ebenfalls studiert werden. Diese liegen jedoch weit jenseits unserer geometrischen Anschauungswelt.

Übung 2.11 Zeige, dass

$$(A \times B) \times (D \times E) \ = \ \det[ABE]D - \det[ABD]E \qquad (2.23)$$

(mit Koeffizient 1), z. B. im Ricci-Kalkül.

Übung 2.12 Für beliebige Vektoren $P_1, \ldots, P_{n-1}, Q_1, \ldots, Q_{n+1} \in \mathbb{K}^n$ gilt die Graßmann-Plücker-Relation

$$0 \ = \ \sum_{\ell=1}^{n+1} (-1)^\ell \det[P_1 \cdots P_{n-1} Q_\ell] \det[Q_1 \cdots Q_{\ell-1} Q_{\ell+1} \cdots Q_{n+1}] \ =: \ \psi. \qquad (2.24)$$

Diese kann bewiesen werden, indem man ψ als alternierende Multilinearform in den Q_ℓ auffasst. Als alternierende $(n+1)$-Form auf $\mathbb{K}^n$ muss sie identisch verschwinden. Betrachte stattdessen die Fälle $n = 2, 3$ in der Form

$$\begin{aligned}
0 \ &= \ [OPQ_1][OQ_2Q_3] - [OPQ_2][OQ_1Q_3] + [OPQ_3][OQ_1Q_2], \\
0 \ &= \ [P_1P_2Q_1][Q_2Q_3Q_4] - [P_1P_2Q_2][Q_1Q_3Q_4] + \\
&\quad + [P_1P_2Q_3][Q_1Q_2Q_4] - [P_1P_2Q_4][Q_1Q_2Q_3].
\end{aligned} \qquad (2.25)$$

Interpretiere die erste Relation als Eigenschaft des Doppelverhältnisses (2.18) und die zweite Relation als Mehrdeutigkeit bei der Bildung des Spatprodukts:

$$\begin{aligned}
\det[P_1 \times P_2, Q_1 \times Q_2, Q_3 \times Q_4] \ &= \ (P_1 \times P_2)^{\mathrm{T}}((Q_1 \times Q_2) \times (Q_3 \times Q_4)) \\
&= \ \det[P_1, P_2, (Q_1 \times Q_2) \times (Q_3 \times Q_4)] \\
\det[P_1 \times P_2, Q_1 \times Q_2, Q_3 \times Q_4] \ &= \ (Q_3 \times Q_4)^{\mathrm{T}}((P_1 \times P_2) \times (Q_1 \times Q_2)) \\
&= \ \det[Q_3, Q_4, (P_1 \times P_2) \times (Q_1 \times Q_2)].
\end{aligned}$$

Beachte dabei die Darstellungen (2.12) und (2.23).

Vollständige Vierecke und harmonische Verhältnisse

Harmonische Verhältnisse wurden in Definition 2.9 als ausgezeichnete Doppelverhältnisse eingeführt. In diesem Kapitel werden wir vollständige Vierecke und Vierseite studieren. Sie vermitteln harmonische Verhältnisse und bilden so einen fundamentalen Baustein für die Theorie der projektiven Geometrie und für alle geometrischen Konstruktionen.

Vollständige Vierecke – als Bindeglied zwischen Inzidenzrelationen und Doppelverhältnissen – gestatten dann auch, den Fundamentalsatz 3.10 zu beweisen.

3.1 Projektive Involutionen

Involutionen sind selbstinverse Abbildungen („Wurzeln" der Identität), d. h. (für uns) lineare bzw. projektive Abbildungen $\mathcal{R}\colon \mathbb{K}^3 \to \mathbb{K}^3$, $\mathbb{K}P^2 \to \mathbb{K}P^2$, sodass $\mathcal{R}^2 = \mathcal{R} \circ \mathcal{R} \sim \mathcal{I}$. Also sind Involutionen diagonalisierbar und können so skaliert werden, dass tatsächlich $\mathcal{R}^2 = \mathcal{I}$ gilt. Als Eigenwerte kommen dann nur ± 1 infrage. (Dies gilt zunächst im Komplexen. Im Reellen kann im ersten Schritt nur auf $\mathcal{R}^2 = \pm\mathcal{I}$ skaliert werden. Eine reelle Matrix $\mathcal{R}$ in ungerader Dimension kann aber nicht $\mathcal{R}^2 = -\mathcal{I}$ erfüllen. Also ist $\mathcal{R}^2 = \mathcal{I}$ und $\mathcal{R}$ auch reell diagonalisierbar.)

Ist $\mathcal{R} \not= \mathcal{I}$, so bleibt nur

$$\mathcal{S}\mathcal{R}\mathcal{S}^{-1} \sim \begin{pmatrix} 1 & & \\ & 1 & \\ & & -1 \end{pmatrix}. \tag{3.1}$$

Die Fixpunkte von $\mathcal{R}$ in $\mathbb{K}P^2$ bilden eine Gerade und einen isolierten Punkt. Projektive Involutionen sind daher bestimmt durch

$$\text{Spiegel(ungsgerade)} \quad m = \mathcal{S}^{-\mathrm{T}}e_3 \quad \text{und (Spiegelungs-)Zentrum} \quad M = \mathcal{S}e_3, \tag{3.2}$$

die (punktweise) festgehalten werden. Hierbei bezeichnet $e_3 = (0,0,1)^{\mathrm{T}}$ den dritten Einheitsvektor. Umgekehrt gibt es zu gegebenem Paar aus Spiegel m und Zentrum $M \notin m$ genau eine projektive Involution $\mathcal{R} \not= \mathcal{I}$, die beide (punktweise) festhält, nämlich

$$\mathcal{R} \;=\; \mathrm{Invol}(M,m) \;:=\; (m^{\mathrm{T}}M)\mathcal{I} - 2Mm^{\mathrm{T}}, \qquad \mathcal{R}_\ell^k \;=\; m_j M^j \delta_\ell^k - 2M^k m_\ell. \tag{3.3}$$

In Kap. 5 werden ausgewählte Involutionen die projektiv-metrischen Geometrien erzeugen.

Übung 3.1 Zeige, dass (3.3) tatsächlich eine Involution definiert, die M und m punktweise festhält. Euklidische Punkt- und Geradenspiegelungen sind ebenfalls Involutionen. Wo ist der Spiegel der Punktspiegelungen und wo das Zentrum der Geradenspiegelungen?

Die projektive Involution $\mathcal{R}$ lässt Geraden g durch ihr Zentrum M (als Geraden) fest, $\mathcal{R}^{-\mathrm{T}}g \sim g$, und induziert auf ihnen somit projektive Involutionen des $\mathbb{K}P^1 \cong g$. Diese haben zwei Fixpunkte (M und $G = g \cap m$). Doppelverhältnisse bleiben unter projektiven Abbildungen erhalten. Somit gilt dank (2.18) für $P \in g \setminus \{M,G\}$:

$$(M,G;P,\mathcal{R}P) \;=\; (M,G;\mathcal{R}P,\mathcal{R}^2P) \;=\; (M,G;\mathcal{R}P,P) \;=\; 1/(M,G;P,\mathcal{R}P).$$

Da $P \neq \mathcal{R}P$ und $M \neq G$ gilt, muss wegen (2.19) das Doppelverhältnis -1 sein. Also liegen Urbild und Bild unter einer projektiven Involution der projektiven Geraden stets harmonisch zum Fixpunktpaar.

Übung 3.2 Sei $\mathcal{L}$ eine projektive Abbildung der projektiven Geraden, die zwei verschiedene Punkte vertauscht: $\mathcal{L}P = \tilde{P} \not= P = \mathcal{L}\tilde{P}$. Zeige, dass $\mathcal{L}$ dann eine Involution ist.

3.2 Der Satz von Desargues

Satz 3.3 (Desargues) *Gegeben seien zwei Dreiecke A, B, C und $\tilde{A}, \tilde{B}, \tilde{C}$ in der projektiven Ebene. Sind die drei Verbindungslinien einander entsprechender Ecken konkurrent, so schneiden sich einander entsprechende Seiten in drei kollinearen Punkten. Die Umkehrung gilt ebenfalls.*

Alternative Formulierung: Zwei Dreiecke sind genau dann bezüglich eines Punktes in Perspektive, wenn sie bezüglich einer Geraden in Perspektive liegen.

Beweis Wir setzen die allgemeine Lage der Punkte voraus. Sei O der Schnittpunkt der Verbindungsgeraden $A \times \tilde{A}$, $B \times \tilde{B}$, $C \times \tilde{C}$ (Abb. 3.1). Wir betten die Konstruktion in den $\mathbb{K}P^3$ ein, d. h., wir betrachten die Dreiecke als zwei ebene Schnitte durch eine dreiseitige Pyramide, projiziert in die Ebene. Der Punkt O ist die Projektion der Pyramidenspitze. In der Tat sichert die Voraussetzung, dass die Pyramidenseiten eben sind, also schneiden sich einander entsprechende Dreiecksseiten auch im $\mathbb{K}P^3$. Die drei Schnittpunkte liegen nun in der Schnittgeraden der beiden Schnittebenen, deren Projektion die Behauptung liefert. Die Umkehrung ist wieder Ausdruck der Dualität von Punkten und Geraden der projektiven Ebene. $\square$

Der Satz von Desargues kann auch rein algebraisch bewiesen werden, ähnlich dem Satz von Pappos. In der Tat kann er auch aus dem Satz von Pappos gefolgert werden. Der Satz von Desargues ist aber allgemeingültiger: Wir haben für den Beweis nur die Einbettung in

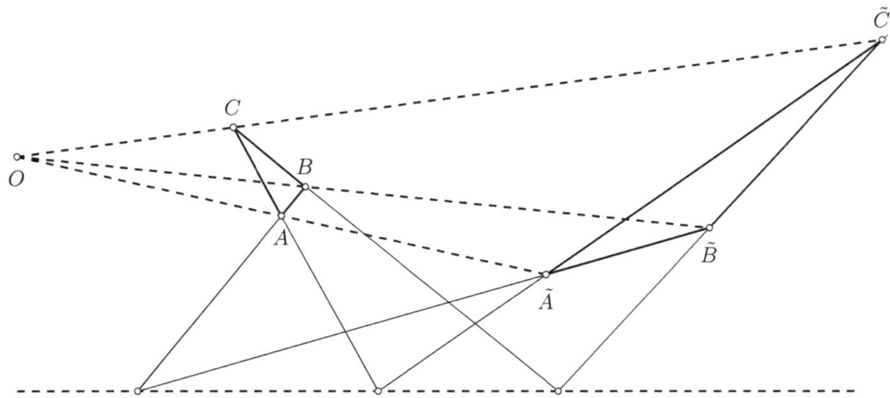

www.stefan-liebscher.de/geometry?preset=desargues&metric=elliptic

Abb. 3.1 Der Satz von Desargues

einen dreidimensionalen projektiven Raum benötigt. Projektive Räume, in denen der Satz nicht gültig ist, sind also notwendig Ebenen, die nicht zu einem dreidimensionalen Raum erweitert werden können.

Übung 3.4 Beweise den Satz von Desargues, indem Du – wie im Beweis des Satzes von Pappos (Abschn. 2.6) – die Konkurrenz- und Kollinearitätsaussagen als Determinantenbeziehung ausdrückst.

Übung 3.5 Wann gibt es eine projektive Involution, die zwei gegebene Dreiecke ineinander abbildet?

3.3   Vierecke und Vierseite

Ein vollständiges Viereck besteht aus vier Eckpunkten $A_1, \ldots, A_4$ in allgemeiner Lage, d. h. keine drei kollinear. Es hat sechs Seiten. Die Paare gegenüberliegender Seiten (die keine Ecke gemeinsam haben) schneiden sich in drei Diagonalpunkten D_1, D_2, D_3 (Abb. 3.2).

Die Seiten des Diagonaldreiecks schneiden die Seiten des Vierecks in jeweils zwei weiteren Punkten, $B_{12}, \ldots, B_{34}$. Nach dem Satz von Desargues liegen diese sechs Punkte auf vier Geraden (mit jeweils drei Punkten). Betrachte dazu jeweils das Diagonaldreiecks (D_1, D_2, D_3) und drei Punkte des Ausgangsvierecks (z. B. A_3, A_2, A_1), bezüglich des vierten Ausgangspunktes (z. B. A_4). Sich entsprechende Seiten schneiden sich dann in kollinearen Punkten (z. B. B_{14}, B_{24}, B_{34}).

Die Punkte $B_{12}, \ldots, B_{34}$ bilden also ein vollständiges Vierseit (aus vier Seiten und sechs Ecken). Dieses vollständige Vierseit ist das duale Gegenstück zum vollständigen Viereck $A_1, \ldots, A_4$, wobei Diagonaldreiseit und Diagonaldreieck übereinstimmen.

Das Bild eines Vierecks legt eine projektive Abbildung fest (Satz 2.3). Die Vertauschung zweier Ecken definiert also eine projektive Involution. Diese bildet das Geflecht von Punkten und Geraden auf sich ab und liefert dadurch eine Vielzahl harmonischer Verhältnisse.

Übung 3.6 Insbesondere stehen auf jeder Diagonalen die beiden Diagonalpunkte zu den beiden Ecken des Vierseits in harmonischem Verhältnis. In jedem Diagonalpunkt stehen die beiden Diagonalen zu den beiden Seiten des Vierecks in harmonischem Verhältnis. Auf jeder Seite des Vierecks liegen die beiden Ecken des Vierecks harmonisch zu Diagonalpunkt und Ecke des Vierseits. In jeder Ecke des Vierseits liegen die beiden Seiten des Vierseits harmonisch zu Diagonale und Seite des Vierecks.

Sind zwei Punkte P, Q gegeben, so kann jeder weitere kollineare Punkt R mittels eines vollständigen Vierecks (allein mit dem Lineal) harmonisch ergänzt werden (Abb. 3.3).

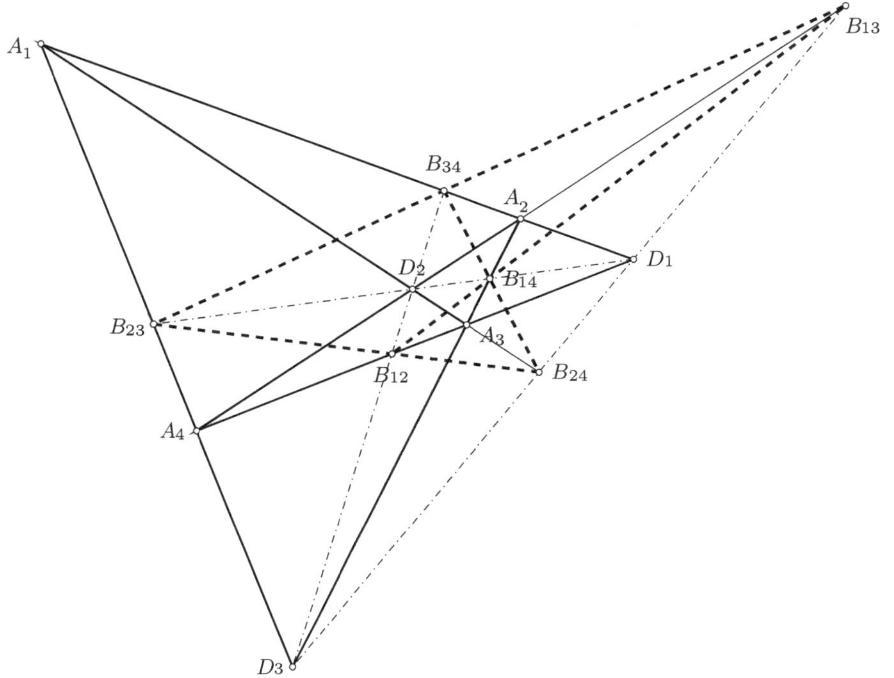

www.stefan-liebscher.de/geometry?preset=quadrangle&metric=elliptic

Abb. 3.2 Vollständiges Viereck, Diagonaldreieck und duales Vierseit

Übung 3.7 Aufgrund des Satzes 2.3 gibt es bis auf projektive Abbildungen nur ein Viereck in allgemeiner Lage. Treffe eine geeignete Wahl der Ausgangspunkte und bestimme die Seiten des Vierecks sowie Diagonaldreieck und duales Vierseit algebraisch. Berechne schließlich die auftretenden harmonischen Verhältnisse.

Übung 3.8 Schneiden wir die Seiten eines vollständigen Vierecks mit einer weiteren Geraden, so bilden die Schnittpunkte ein Tripel von Paaren, das wir Vierecksmenge (quadrilateral set) nennen (Abb. 3.4). (Die Paare entsprechen gegenüberliegenden Seiten des Vierecks.) Zeige, dass $(P, \tilde{P}; Q, \tilde{Q}; R, \tilde{R})$ in $\mathbb{RP}^1$ genau dann eine Vierecksmenge bilden, wenn gilt:

$$[P\tilde{Q}][Q\tilde{R}][R\tilde{P}] \;=\; [P\tilde{R}][Q\tilde{P}][R\tilde{Q}]. \tag{3.4}$$

Zeige, dass im Spezialfall $P = \tilde{P}$, $Q = \tilde{Q}$ die Paare $(P, Q; R, \tilde{R})$ harmonisch sind.

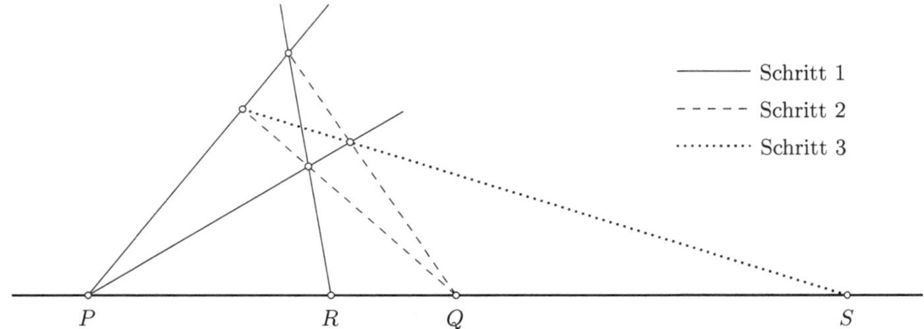

Abb. 3.3 Harmonische Ergänzung mittels vollständigen Vierecks

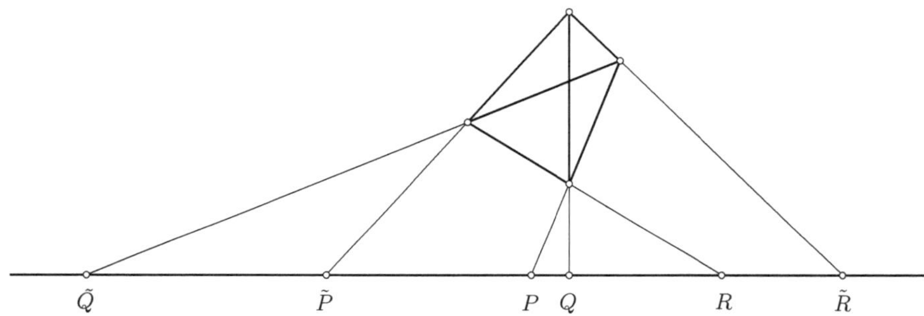

Abb. 3.4 Vierecksmenge mittels vollständigen Vierecks

Übung 3.9 Zeige, dass die auf eine Gerade projizierten Ecken eines vollständigen Vierseits ebenfalls eine Vierecksmenge bilden (Abb. 3.5). Beachte, dass diese Konstruktion nicht direkt dual zu Übung 3.8 ist.

3.4 Der Fundamentalsatz der projektiven Geometrie

Inzidenzerhaltende Abbildungen der projektiven Ebene bilden vollständige Vierecke auf ebensolche ab. Also bilden sie harmonische Punkte auf ebensolche ab. Auf jeder Geraden induzieren sie eine *harmonische* Abbildung, die harmonische Verhältnisse aufrechterhält.

Satz 3.10 (Fundamentalsatz) *Jede Bijektion $\mathcal{L}\colon \mathbb{RP}^N \to \mathbb{RP}^N$, $N \geq 2$, die Geraden (d. h. Kollinearität von Punkten) erhält, wird von einer invertierbaren linearen Abbildung $\mathcal{L} \in \mathrm{GL}(N+1, \mathbb{R})$ induziert.*

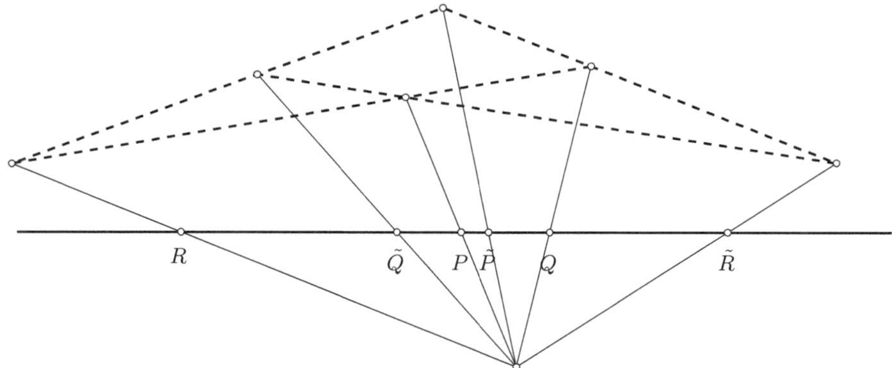

Abb. 3.5 Vierecksmenge mittels vollständigen Vierseits

Beweis Wir werden den Beweis für die Ebene, $N = 2$, führen. Sei $\mathcal{L}$ also eine Kollineation, d. h. eine Bijektion, die Kollinearität erhält. Vermittels einer Linearen Abbildung können wir vier Punkte in allgemeiner Lage vorschreiben (Satz 2.3). O.B.d.A. halte $\mathcal{L}$ daher die Punkte

$$\begin{pmatrix} 0 \\ 0 \\ 1 \end{pmatrix}, \quad \begin{pmatrix} 1 \\ 0 \\ 1 \end{pmatrix}, \quad \begin{pmatrix} 0 \\ 1 \\ 1 \end{pmatrix}, \quad \begin{pmatrix} 1 \\ 1 \\ 1 \end{pmatrix}$$

fest. Also bleiben auch

$$\begin{pmatrix} 1 \\ 0 \\ 0 \end{pmatrix}, \quad \begin{pmatrix} 0 \\ 1 \\ 0 \end{pmatrix}$$

fest. Auf den Achsen $\{x = 0\}$, $\{y = 0\}$ induziert $\mathcal{L}$ also jeweils harmonische Abbildungen, die in der Standard-Koordinatisierung jeweils die Punkte

$$\underline{0} = \begin{pmatrix} 0 \\ 1 \end{pmatrix}, \quad \underline{1} = \begin{pmatrix} 1 \\ 1 \end{pmatrix}, \quad \underline{\infty} = \begin{pmatrix} 1 \\ 0 \end{pmatrix} \tag{3.5}$$

festhalten. Wir werden im Anschluss zeigen, dass das nur die Identität kann. Hält $\mathcal{L}$ aber beide Achsen punktweise fest, so ist $\mathcal{L}$ bereits die Identität – und der Satz bewiesen.

Sei nun also $\mathcal{L}$ eine harmonische Abbildung der reellen projektiven Geraden $\mathbb{RP}^1$, die $\underline{0}, \underline{1}, \underline{\infty}$ festhält. Wir müssen noch zeigen, dass $\mathcal{L} = \mathcal{I}$. Zunächst bilden wir projektive Punkte auf reelle Zahlen vermöge ihres Doppelverhältnisses zu den drei Fixpunkten ab:

$$\mathcal{R} \colon \mathbb{RP}^1 \setminus \{\infty\} \to \mathbb{R}, \qquad P \mapsto (\underline{0}, \underline{\infty}; P, \underline{1}), \qquad \mathcal{R}\underline{a} := \mathcal{R}\begin{pmatrix} a \\ 1 \end{pmatrix} = a.$$

Die induzierte Abbildung $\mathcal{R}\mathcal{L}\mathcal{R}^{-1}\colon \mathbb{R} \to \mathbb{R}$ wollen wir als Körperautomorphismus identifizieren. In der Tat gilt

$$
\begin{aligned}
-1 &= (\underline{0}, \infty; \underline{a}, \underline{b}) & \Longleftrightarrow \quad b &= -a, \\
-1 &= (\underline{1}, \infty; \underline{a}, \underline{b}) & \Longleftrightarrow \quad b &= 2 - a, \\
-1 &= (\underline{c}, \infty; \underline{a}, \underline{b}) & \Longleftrightarrow \quad c &= \tfrac{1}{2}(a + b), \\
-1 &= (\underline{c}, \infty; \underline{0}, \underline{d}) & \Longleftrightarrow \quad d &= 2c, \\
-1 &= (\underline{1}, \underline{b}; \underline{a}, \underline{-a}) & \Longleftrightarrow \quad b &= a^2.
\end{aligned}
$$

Da $\mathcal{L}$ harmonische Verhältnisse erhält, vertauscht $\mathcal{R}\mathcal{L}\mathcal{R}^{-1}$ mit Addition und Multiplikation. (Beachte für die Multiplikation die binomische Formel: $2ab = (a + b)^2 - a^2 - b^2$.)

Insbesondere lässt $\mathcal{R}\mathcal{L}\mathcal{R}^{-1}$ zunächst die natürlichen Zahlen und dann auch die rationalen Zahlen fest. Aufgrund der totalen Ordnung von $\mathbb{R}$ ist $\mathcal{R}\mathcal{L}\mathcal{R}^{-1}$ auch monoton, also $\mathcal{R}\mathcal{L}\mathcal{R}^{-1} = \mathcal{I}_{\mathbb{R}}$ und $\mathcal{L} = \mathcal{I}$, wie behauptet. $\qquad\Box$

Kollineationen entsprechen im Allgemeinen semilinearen Abbildungen, d. h. bis auf Körperautomorphismen linearen Abbildungen. Beachte insbesondere den Automorphismus $z \mapsto \bar{z}$ der komplexen Zahlen.

Übersicht

In diesem Kapitel führen wir Kegelschnitte als Nullstellengebilde quadratischer Formen ein. Reguläre Kegelschnitte erweisen sich als projektive Bilder von Kreisen. Genauso können sie als ebene Schnitte von Kreiskegeln charakterisiert werden.

Die gleichzeitige Betrachtung ihrer Punkte und ihrer Tangenten erlaubt es uns, auch für Kegelschnitte die Dualität von Punkten und Geraden beizubehalten. Außerdem erhalten wir dadurch eine Klassifikation der Kegelschnitte und eine Entfaltung ihrer Singularitäten (Tab. 4.1).

Kegelschnitte denieren eine Polarität. Diese wird in späteren Kapiteln Spiegelungen und Orthogonalität vermitteln.

Büschel von Kegelschnitten sowie die Kegelschnitte selbst können ihrerseits wieder als projektive Geraden aufgefasst werden, sodass wir auch für Punkte auf Kegelschnitten ein Doppelverhältnis finden. Die daraus resultierenden Sätze von Pascal und Brianchon sowie verschiedene Kegelschnittkonstruktionen legen das Fundament für die nachfolgenden Kapitel.

© Springer-Verlag GmbH Deutschland 2017

S. Liebscher, *Projektive Geometrie der Ebene*, Springer-Lehrbuch Masterclass,
https://doi.org/10.1007/978-3-662-54080-0_4

4.1 Quadratische Formen

Bisher haben wir Punkte und Geraden als Nullstellengebilde von Linearformen untersucht. Die Nullstellengebilde von quadratischen Formen nennen wir Kegelschnitte, die wir (bei leichtem Missbrauch der Notation) schreiben als

$$0 \neq \mathcal{C} = \left\{ P \mid C[P] = P^{\mathrm{T}} C P = 0 \right\} = C_{k\ell} = \left\{ P^k \mid C_{k\ell} P^k P^\ell = 0 \right\}, \qquad (4.1)$$

mit o.B.d.A. symmetrischer Matrix C. Der Kegelschnitt $\mathcal{C}$ kann durch eine projektive Transformation $\mathcal{L}^{-1} \in \mathrm{GL}(3)$ auf seine Normalform

$$\mathcal{L}^{\mathrm{T}} C \mathcal{L} \in \left\{ \begin{pmatrix} 1 & & \\ & 1 & \\ & & -1 \end{pmatrix}, \begin{pmatrix} 1 & & \\ & 1 & \\ & & 1 \end{pmatrix}, \begin{pmatrix} 1 & & \\ & -1 & \\ & & 0 \end{pmatrix}, \begin{pmatrix} 1 & & \\ & 1 & \\ & & 0 \end{pmatrix}, \begin{pmatrix} 1 & & \\ & 0 & \\ & & 0 \end{pmatrix} \right\} \qquad (4.2)$$

gebracht werden (Anhang A). Der erste Fall beschreibt einen Kreiskegel in $\mathbb{K}^3$, der durch unsere Zeichenebene $\{z = 1\}$ in einem Kreis geschnitten wird. Seine projektiven Bilder sind tatsächlich Kegelschnitte, was den Namen für quadratische Formen rechtfertigt. Der zweite Fall ist ein reeller Kegelschnitt ($\mathcal{C} \in \mathbb{R}^{3\times 3}$) ohne relle Punkte. Die restlichen drei Fälle sind singuläre Kegelschnitte. Sie bilden ein Paar reeller Geraden, ein Paar konjugiert komplexer Geraden mit reellem Schnittpunkt oder eine reelle (doppelte) Gerade.

In der komplexen projektiven Ebene, d. h. mit komplexen Transformationen $\mathcal{L}$, können Matrizen gleichen Ranges ineinander transformiert werden und es gibt nur die drei Fälle

$$\left\{ \begin{pmatrix} 1 & & \\ & 1 & \\ & & 1 \end{pmatrix}, \begin{pmatrix} 1 & & \\ & 1 & \\ & & 0 \end{pmatrix}, \begin{pmatrix} 1 & & \\ & 0 & \\ & & 0 \end{pmatrix} \right\}.$$

Proposition 4.1 In der komplexen projektiven Ebene ist der Schnitt einer Geraden mit einem Kegelschnitt stets nicht leer. Schneidet eine Gerade einen Kegelschnitt in mehr als zwei Punkten, so ist der Kegelschnitt singulär und die Gerade ganz im Kegelschnitt enthalten.

Beweis Sei $g \sim P \times Q$ die Gerade und $\mathcal{C}$ der Kegelschnitt, d. h. die den Kegelschnitt bestimmende symmetrische Matrix. Ein Punkt $\lambda P + \mu Q \in g$ liegt genau dann auf dem Kegelschnitt, wenn $C[\lambda P + \mu Q] = 0$ ist, d. h. wenn

$$0 = \begin{pmatrix} \lambda & \mu \end{pmatrix} \begin{pmatrix} C[P] & P^{\mathrm{T}} C Q \\ Q^{\mathrm{T}} C P & C[Q] \end{pmatrix} \begin{pmatrix} \lambda \\ \mu \end{pmatrix} =: \tilde{C}\left[\begin{pmatrix} \lambda \\ \mu \end{pmatrix} \right]. \qquad (4.3)$$

Sind $P, Q \in \mathcal{C}$, so $\mathcal{C}[P] = \mathcal{C}[Q] = 0$ und (4.3) ist äquivalent zu $0 = \lambda\mu \det\tilde{\mathcal{C}}$. Sei nun also $P \notin \mathcal{C}$, d. h. $\mathcal{C}[P] \neq 0$. Dann stellt (4.3) eine quadratische Gleichung in λ/μ mit Diskriminante $\det(\tilde{\mathcal{C}}/\mathcal{C}[P])$ dar.

Falls $\det\tilde{\mathcal{C}} \neq 0$, so finden wir zwei verschiedene (projektive) Schnittpunkte $g \cap \mathcal{C}$ (die für Geraden und Kegelschnitte der reellen projektiven Ebene konjugiert komplex sein können). Ist hingegen $\det\tilde{\mathcal{C}} = 0$, so finden wir einen Schnittpunkt (den wir doppelt zählen können), oder es ist $g \subset \mathcal{C}$. $\qquad\square$

Definition 4.2 Haben eine Gerade g und ein regulärer Kegelschnitt $\mathcal{C}$ ($\det\mathcal{C} \neq 0$) genau einen Punkt gemeinsam, so nennen wir g eine *Tangente* an $\mathcal{C}$.

Der Tangentialpunkt kann als doppelter Schnittpunkt aufgefasst werden. Auf der reellen projektiven Ebene kann dieser doppelte Schnittpunkt unter Störungen zu einem Paar reeller oder einem Paar konjugiert komplexer Schnittpunkte werden.

Proposition 4.3 Ist $\mathcal{C}$ ein regulärer Kegelschnitt ($\det\mathcal{C} \neq 0$) und $P \in \mathcal{C}$, so ist die Tangente in P an $\mathcal{C}$ gegeben durch $t_p := \mathcal{C}P$. Ferner ist $\left\{\, t \mid \mathcal{C}^{-1}[t] = 0 \,\right\}$ die Menge aller Tangenten an $\mathcal{C}$, d. h., die Tangenten an einen Kegelschnitt bilden wieder einen (dualen) Kegelschnitt, der durch die inverse Matrix gegeben ist.

Beweis Zunächst ist $t_p^\mathsf{T}P = \mathcal{C}[P] = 0$, also $P \in t_p$. Sei $Q \neq P$ ein beliebiger Punkt. Die Diskriminante der quadratischen Gl. (4.3), $\det\tilde{\mathcal{C}} = -(t_p^\mathsf{T}Q)^2$, ist genau dann null, wenn $Q \in t_p$. Also ist t_p die eindeutige Tangente in P an $\mathcal{C}$. Die Menge $\{\, t_P \mid \mathcal{C}[P] = 0 \,\}$ aller Tangenten bildet wegen

$$P^\mathsf{T}\mathcal{C}P = 0 \iff P^\mathsf{T}\mathcal{C}\mathcal{C}^{-1}\mathcal{C}P = 0 \iff t_P^\mathsf{T}\mathcal{C}^{-1}t_P = 0$$

schließlich den dualen Kegelschnitt. $\qquad\square$

Statt der inversen Matrix kann natürlich auch ein skalares Vielfaches benutzt werden, z. B. die Adjunkte (transponierte Kofaktormatrix):

$$2\mathcal{C}^{\triangle\ell k} = \varepsilon^{kij}\varepsilon^{lmn}\mathcal{C}_{im}\mathcal{C}_{jn}, \qquad \mathcal{C}\mathcal{C}^\triangle = (\det\mathcal{C})\mathcal{I}. \qquad (4.4)$$

In der Tat wollen wir die Adjunkte zur Desingularisierung der singulären Kegelschnitte und zur Verallgemeinerung des Tangentenbegriffs nutzen.

Proposition 4.4 Hat eine symmetrische Matrix $\mathcal{C} \in \mathbb{K}^{3\times 3}$ den Rang 2, so zerfällt der zugehörige singuläre Kegelschnitt in zwei verschiedene Geraden $g \neq h$:

$$\mathcal{C} \sim gh^\mathsf{T} + hg^\mathsf{T}. \qquad (4.5)$$

Ihre Adjunkte hat den Rang 1:

$$C^\triangle \;\sim\; FF^{\mathrm{T}}, \qquad F \;\sim\; g \times h \;\sim\; g \cap h. \tag{4.6}$$

Dabei sind für reelle C die Geraden entweder auch reell oder konjugiert komplex (also mit reellem Schnitt).

Beweis Sei die Matrix o.B.d.A. in Normalform (4.2) gegeben. Wir unterscheiden die beiden Fälle:

$$2\begin{pmatrix} 1 & & \\ & -1 & \\ & & 0 \end{pmatrix} = \begin{pmatrix} 1 \\ 1 \\ 0 \end{pmatrix}\begin{pmatrix} 1 & -1 & 0 \end{pmatrix} + \begin{pmatrix} 1 \\ -1 \\ 0 \end{pmatrix}\begin{pmatrix} 1 & 1 & 0 \end{pmatrix},$$

$$2\begin{pmatrix} 1 & & \\ & 1 & \\ & & 0 \end{pmatrix} = \begin{pmatrix} 1 \\ \mathbf{i} \\ 0 \end{pmatrix}\begin{pmatrix} 1 & -\mathbf{i} & 0 \end{pmatrix} + \begin{pmatrix} 1 \\ -\mathbf{i} \\ 0 \end{pmatrix}\begin{pmatrix} 1 & \mathbf{i} & 0 \end{pmatrix}.$$

Die Aussage ist dann offensichtlich. $\qquad\qquad\square$

Übung 4.5 Sei $P = P^k$ ein Punkt der projektiven Ebene. Sei $\mathcal{X}_P$ die schiefsymmetrische Matrix, sodass für alle Q gilt: $\mathcal{X}_P Q = P \times Q$, d. h.

$$\mathcal{X}_P = \begin{pmatrix} 0 & -P^3 & P^2 \\ P^3 & 0 & -P^1 \\ -P^2 & P^1 & 0 \end{pmatrix}, \qquad \mathcal{X}_{Pj\ell} := \varepsilon_{jk\ell}P^k. \tag{4.7}$$

Sei nun $C = gh^{\mathrm{T}} + hg^{\mathrm{T}}$ und $F = g \times h$ wie in Proposition 4.4 (mit Koeffizienten 1). Zeige

$$\mathcal{X}_F \;=\; \mathcal{X}_{(g \times h)} \;=\; hg^{\mathrm{T}} - gh^{\mathrm{T}},$$

also auch

$$2hg^{\mathrm{T}} \;=\; C + \mathcal{X}_F.$$

Zeige ferner, dass F durch die Adjunkte gegeben ist:

$$C^\triangle \;=\; -FF^{\mathrm{T}}.$$

(Beachte den Koeffizienten 1.) Formuliere damit einen Algorithmus, der eine symmetrische (3×3)-Matrix vom Rang 2 in das sie erzeugende Paar projektiver Geraden zerlegt.

Definition 4.6 Kegelschnitte sind gegeben durch Paare von null verschiedener, symmetrischer Matrizen $(\mathcal{C}, \mathcal{C}^{\triangle}) = (\mathcal{C}_{k\ell}, \mathcal{C}^{k\ell})$, mit

$$\det \mathcal{C} \neq 0, \qquad \det \mathcal{C}^{\triangle} \neq 0, \qquad \mathcal{C}\mathcal{C}^{\triangle} \sim \mathcal{I}, \qquad \text{oder}$$
$$\det \mathcal{C} = 0, \qquad \det \mathcal{C}^{\triangle} = 0, \qquad \mathcal{C}\mathcal{C}^{\triangle} = 0.$$

Die Punkte und Tangenten des Kegelschnittes sind gegeben durch

$$\{ P \mid \mathcal{C}[P] = 0 \}, \qquad \left\{ t \mid \mathcal{C}^{\triangle}[t] = 0 \right\}.$$

Insbesondere haben beide Matrizen vollen Rang, oder eine Matrix hat Rang 1 und die andere Rang 1 oder 2. Hat $\mathcal{C}^{\triangle}$ den Rang 2, so ist ungeachtet der Notation $\mathcal{C}$ ein Vielfaches der Adjunkten von $\mathcal{C}^{\triangle}$ und hat Rang 1. (Die Adjunkte von $\mathcal{C}$ ist null.) Die duale Matrix desingularisiert die zu (Doppel-)Geraden entarteten Kegelschnitte, indem sie die Tangentenschar beschreibt. In Normalform finden wir die in Tab. 4.1 aufgeführten Typen von Kegelschnitten, durch die wir eine Rundreise unternehmen können (Abb. 4.1).

Übung 4.7 (Fortsezung von Übung 2.4) Induziert $\mathcal{L} \in \mathrm{GL}(3, \mathbb{K})$ eine projektive Abbildung (der Punkte) der projektiven Ebene $\mathbb{K}P^2$, so operiert sie auf den Kegelschnitten als

$$(\mathcal{C}, \mathcal{C}^{\triangle}) \;\longmapsto\; (\mathcal{L}^{-\mathrm{T}}\mathcal{C}\mathcal{L}^{-1}, \mathcal{L}\mathcal{C}^{\triangle}\mathcal{L}^{\mathrm{T}}). \tag{4.8}$$

Übung 4.8 Sei $(\mathcal{C}, \mathcal{C}^{\triangle})$ ein (zunächst regulärer) Kegelschnitt und P ein beliebiger Punkt (nicht notwendig auf $\mathcal{C}$). Dann ist $\mathcal{C}^{\triangle}[P \times Q] = 0$ genau dann, wenn Q auf einer Tangenten an $\mathcal{C}$ durch P liegt. Also ist $\mathcal{X}_P^{\mathrm{T}} \mathcal{C}^{\triangle} \mathcal{X}_P$ ein singulärer Kegelschnitt, der genau in das Tangentenpaar an $\mathcal{C}$ durch P zerfällt (Proposition 4.4). Formuliere einen Algorithmus, der die Tangenten an einen Kegelschnitt durch einen gegebenen Punkt bestimmt. Formuliere einen (dualen) Algorithmus, der Schnittpunkte einer Geraden mit einem Kegelschnitt bestimmt. Was passiert für singuläre Kegelschnitte?

Übung 4.9 Betrachte $\mathbb{R}P^3$ mit der von S^3 induzierten Metrik. Diskutiere die stetige Abhängigkeit der Kegelschnitte als Punktmengen (mit symmetrischem Hausdorff-Abstand) und der Kegelschnitte als Matrizenpaare (z. B. nach geeigneter Normierung bezüglich der Operatornorm).

Übung 4.10 Diskutiere die Topologie des Raumes der (reellen) Kegelschnitte. Beschreibe, wie der Raum der Kegelschnitte entsteht, indem im Raum $\mathbb{R}P^5$ der (projektiven) symmetrischen Matrizen die projektive Gerade der Matrizen vom Rang 1 ersetzt wird durch den Raum $\mathbb{R}P^2 \times \mathbb{R}P^2$ der (Doppel-)Geraden bildenden Kegelschnitte.

Tab. 4.1 Klassifikation regulärer und singulärer Kegelschnitte

$\begin{pmatrix}1&&\\&1&\\&&1\end{pmatrix}, \begin{pmatrix}1&&\\&1&\\&&1\end{pmatrix}$	$\begin{pmatrix}1&&\\&0&\\&&0\end{pmatrix}, \begin{pmatrix}0&&\\&1&\\&&1\end{pmatrix}$	$\begin{pmatrix}1&&\\&-1&\\&&-1\end{pmatrix}, \begin{pmatrix}-1&&\\&1&\\&&1\end{pmatrix}$
Regulärer Kegelschnitt ohne reelle Punkte oder Tangenten	Eine reelle Gerade, zwei konjugiert komplexe Tangentenbüschel	Regulärer Kegelschnitt
$\begin{pmatrix}1&&\\&1&\\&&0\end{pmatrix}, \begin{pmatrix}0&&\\&0&\\&&1\end{pmatrix}$	$\begin{pmatrix}1&&\\&0&\\&&0\end{pmatrix}, \begin{pmatrix}0&&\\&0&\\&&1\end{pmatrix}$	$\begin{pmatrix}1&&\\&-1&\\&&0\end{pmatrix}, \begin{pmatrix}0&&\\&0&\\&&1\end{pmatrix}$
Zwei konjugiert komplexe Geraden, ein reelles Tangentenbüschel	Eine reelle Gerade, ein reelles Tangentenbüschel	Zwei reelle Geraden, ein reelles Tangentenbüschel
$\begin{pmatrix}1&&\\&1&\\&&-1\end{pmatrix}, \begin{pmatrix}-1&&\\&-1&\\&&1\end{pmatrix}$	$\begin{pmatrix}1&&\\&0&\\&&0\end{pmatrix}, \begin{pmatrix}0&&\\&-1&\\&&1\end{pmatrix}$	$\begin{pmatrix}1&&\\&-1&\\&&1\end{pmatrix}, \begin{pmatrix}1&&\\&-1&\\&&1\end{pmatrix}$
Regulärer Kegelschnitt	Eine reelle Gerade, zwei reelle Tangentenbüschel	Regulärer Kegelschnitt

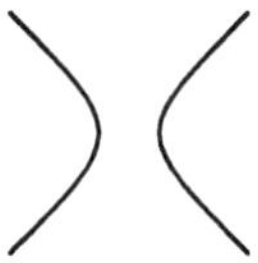

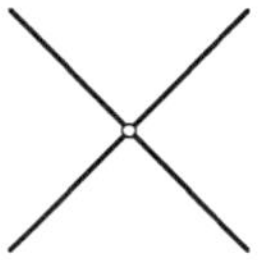

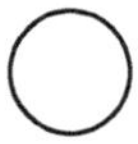

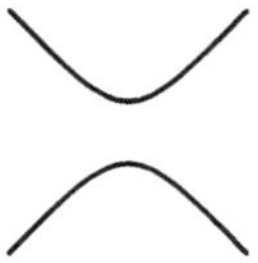

Dank des Tangentenbündels konnen singulare Kegelschnitte nun entfaltet werden.

www.stefan-liebscher.de/geometry?preset=animconics&metric=elliptic&webgl

Abb. 4.1 Entfaltung singulärer Kegelschnitte

4.2 Die Polarität

Definition 4.11 Sei $(\mathcal{C}, \mathcal{C}^\triangle)$ ein regulärer Kegelschnitt, d. h. $\mathcal{C} \in \mathrm{GL}(3, \mathbb{K})$ symmetrisch und $\mathcal{C}^\triangle \sim \mathcal{C}^{-1}$. Dann ist jedem Punkt Q der projektiven Ebene seine *Polare* p_Q und jeder Geraden g ihr Pol P_g zugeordnet:

$$p_Q \; :\sim \; \mathcal{C}Q, \qquad P_g \; :\sim \; \mathcal{C}^\triangle g. \tag{4.9}$$

Diese Bijektion zwischen Punkten und Geraden nennen wir (die durch den Kegelschnitt vermittelte) Polarität.

Satz 4.12 *Die durch einen regulären Kegelschnitt vermittelte Polarität ist eine Involution, die Inzidenz und Doppelverhältnisse erhält. Sie bildet kollineare Punkte auf konkurrente Geraden sowie konkurrente Geraden auf kollineare Punkte ab.*

Beweis Per Konstruktion ist der Pol einer Polaren der Ursprungspunkt und die Polare eines Poles die Ursprungsgerade: $\mathcal{C}\mathcal{C}^\triangle \sim \mathcal{I} \sim \mathcal{C}^\triangle \mathcal{C}$. Also ist die Polarität selbstinvers. Sind ein Punkt Q und eine Gerade g inzident, so gilt

$$0 \; = \; g^\mathrm{T} Q \; \sim \; g^\mathrm{T} \mathcal{C}^\triangle \mathcal{C} Q \; = \; g^\mathrm{T} \mathcal{C}^{\triangle\mathrm{T}} \mathcal{C} Q \; \sim \; P_g^\mathrm{T} p_Q \; = \; p_Q^\mathrm{T} P_g,$$

d. h., p_Q und P_g sind ebenfalls inzident. Kollinearität und Konkurrenz sind spezielle Inzidenzen. Die Invarianz des Doppelverhältnisses folgt aus dessen Invarianz unter projektiven Abbildungen. □

Die Dualität von Punkten und Geraden, auf die wir schon in Kap. 2 verwiesen haben, erscheint nun als (elliptische) Polarität zum Kegelschnitt $(\mathcal{I}, \mathcal{I})$ (ohne reelle Punkte).

Proposition 4.13 Sei $p \sim \mathcal{C}P$ die Polare eines Poles P bezüglich eines regulären Kegelschnittes. Dann sind folgende Aussagen äquivalent:

(i) P und p sind inzident.
(ii) P liegt auf dem Kegelschnitt.
(iii) p liegt tangential an den Kegelschnitt.

Beweis Dies ist eine direkte Folgerung von Proposition 4.3. □

Ist $(\mathcal{C}, \mathcal{C}^\triangle)$ ein singulärer Kegelschnitt, so hat die von durch ihn definierte Abbildung $\mathcal{C}$ einen Kern und wird deshalb i.d.R. nicht mehr als Polarität bezeichnet. Wir können aber trotzdem noch von Polen und Polaren sprechen. Hat z. B. $\mathcal{C} = gg^\mathrm{T}$ den Rang 1 (Doppelgerade) und $\mathcal{C}^\triangle = PQ^\mathrm{T} + QP^\mathrm{T}$ den Rang 2, so ist g die Polare jeden Punktes (ggf. einschließlich der Punkte auf g, die zunächst im Kern von $\mathcal{C}$ liegen). Die Pole aller Geraden – bis auf g selbst – sind eindeutig bestimmt und liegen auf g. Die Tangenten sind wieder die Geraden, die durch ihren Pol gehen, d. h. die Geraden, die durch P oder Q

gehen. Wir nennen g dann auch absolute Polare und P, Q absolute Pole (und in Kap. 7 absolute Brennpunkte).

Korollar 4.14 Sei $p \sim CP$ die Polare eines Poles $P \notin p$ bezüglich eines regulären Kegelschnittes. Dann schneidet die Polare p den Kegelschnitt in den Berührpunkten der Tangenten durch den Pol P (Abb. 4.2).

Beweis Dies folgt direkt aus Proposition 4.13 und der Inzidenzerhaltung.　　□

Beachte, dass die Schnittpunkte und die Tangenten komplex sein können. Für reelle Kegelschnitte ist die Polare eines reellen Punktes aber stets reell.

Definition 4.15 Existieren zwei reelle Tangenten an den (reellen) Kegelschnitt, so nennen wir den Pol einen *äußeren* Punkt des Kegelschnittes, anderenfalls einen *inneren*. Per Dualität ist eine Gerade, die den Kegelschnitt reell schneidet, eine äußere und eine Gerade, die den Kegelschnitt reell nicht schneidet, eine innere.

Satz 4.16 *Sei P, p ein Pol-Polare-Paar (auch polares Paar), $P \notin p$, zu einem regulären Kegelschnitt C. Sei ferner g eine Gerade durch P, die C in $R \neq S$ schneidet. Setze $Q = p \cap g$ (Abb. 4.2). Dann stehen $(P, Q; R.S)$ in harmonischem Verhältnis.*

Beweis Die Polarität vermittelt eine projektive Abbildung $V \mapsto g \cap \mathrm{Polar}(V) \sim g \times CV \sim \mathcal{X}_g CV$, wobei $\mathcal{X}_g$ wieder das Vektorprodukt mit g realisiert. Dies ist sogar eine Involution mit den Fixpunkten R, S (Abschn. 3.1).　　□

Wir haben die Polarität durch den Kegelschnitt definiert. Beide Begriffe sind tatsächlich gleichwertig. Bei synthetischem Aufbau der projektiven Geometrie (beginnend mit Punkten, Linien und ihren Inzidenzen) können Kegelschnitte als jene „ovale" Kurven definiert werden, die eine Polarität als inzidenzerhaltende Bijektion zwischen Punkten und Linien vermitteln.

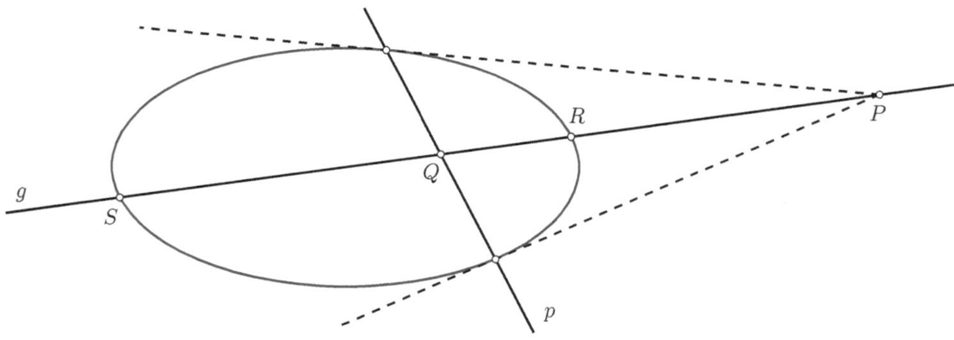

Abb. 4.2 Durch einen Kegelschnitt vermittelte Polarität

Übung 4.17 Vollständige Vierecke ermöglichen es, bezüglich eines gegebenen Punktepaares einen weiteren kollinearen Punkt (allein mit dem Lineal) harmonisch zu ergänzen. Betrachte erneut Satz 4.16 und gib eine Konstruktion der Polaren eines (zunächst äußeren) Punktes allein mit dem Lineal an.

Übung 4.18 Nutze die Eigenschaften der Polarität, um mittels der Konstruktion in Übung 4.17 den Pol einer gegebenen Geraden zu konstruieren. Konstruiere danach auch die Polare zu einem inneren Punkt eines Kegelschnittes.

4.3 Büschel von Kegelschnitten

Definition 4.19 Das durch zwei Kegelschnitte $\mathcal{C} \nmid \mathcal{D}$ erzeugte Büschel ist gegeben durch

$$\left\{ \gamma\mathcal{C} + \delta\mathcal{D} \;\middle|\; (\gamma, \delta) \in \mathbb{K}P^1 \right\}. \tag{4.10}$$

Wir nennen ein Büschel von Kegelschnitten regulär, wenn es wenigstens einen regulären Kegelschnitt enthält (Abb. 4.3).

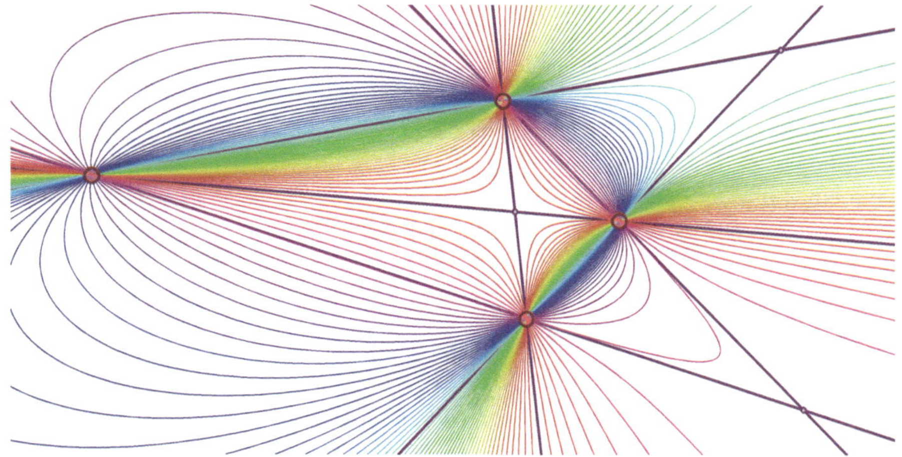

www.stefan-liebscher.de/geometry?preset=pencil&metric=elliptic&webgl

Abb. 4.3 Büschel von Kegelschnitten in allgemeiner Lage

Die (höchstens drei) singulären Elemente eines regulären Büschels von Kegelschnitten sind gegeben durch die Nullstellen der kubischen Gleichung

$$0 \;=\; \det(\gamma \mathcal{C} + \delta \mathcal{D}). \tag{4.11}$$

Ein Büschel von Kegelschnitten bildet eine projektive Gerade und kann durch beliebige (verschiedene) seiner Elemente erzeugt werden. Per Konstruktion ist der Schnitt $\mathcal{C} \cap \mathcal{D}$ unabhängig von der Wahl der Vertreter.

In allgemeiner Lage ist das Kegelschnittbüschel gegeben durch die vier Punkte

$$\{P_1, P_2, P_3, P_4\} \;=\; \mathcal{C} \cap \mathcal{D}$$

in allgemeiner Lage. Tatsächlich sind einfache Lösungen von (4.11) Matrizen vom Rang 2. Diese stellen singuläre Kegelschnitte dar, die durch Paare gegenüberliegender Seiten des vollständigen Vierecks gegeben sind.

Übung 4.20 Die singulären Vertreter eines Kegelschnittbüschels sind durch eine kubische Gleichung gegeben und zerfallen in Geraden (Übung 4.5). Formuliere daraus einen Algorithmus, der die Schnittpunkte zweier Kegelschnitte bestimmt.

Sind umgekehrt vier Punkte $\{P_1, P_2, P_3, P_4\}$ in allgemeiner Lage gegeben (d. h. keine drei kollinear), so ist jeder Kegelschnitt durch diese vier Punkte eine Linearkombination $\gamma \mathcal{C} + \delta \mathcal{D}$ der singulären Kegelschnitte, z. B.

$$\begin{aligned}
\mathcal{C} &= (P_1 \times P_3)(P_2 \times P_4)^{\mathsf{T}} + (P_2 \times P_4)(P_1 \times P_3)^{\mathsf{T}}, \\
\mathcal{D} &= (P_1 \times P_2)(P_3 \times P_4)^{\mathsf{T}} + (P_3 \times P_4)(P_1 \times P_2)^{\mathsf{T}}.
\end{aligned}$$

Durch einen fünften Punkt $P_5 \notin \{P_1, P_2, P_3, P_4\}$ verläuft genau ein Kegelschnitt des Büschels, nämlich $\mathcal{D}[P_5]\mathcal{C} - \mathcal{C}[P_5]\mathcal{D}$. Jeder weitere Punkt P_6 dieses Kegelschnittes erfüllt die Gleichung

$$0 \;=\; [P_1 P_2 P_5][P_3 P_4 P_5][P_1 P_3 P_6][P_2 P_4 P_6] - [P_1 P_2 P_6][P_3 P_4 P_6][P_1 P_3 P_5][P_2 P_4 P_5]. \tag{4.12}$$

Übung 4.21 Diskutiere das mögliche Auftreten von Matrizen mit Rang 1 in einem Büschel. Finde geeignete duale Matrizen als stetige Fortsetzung der dualen Matrizen des Büschels und beschreibe so die Gestalt der singulären Kegelschnitte.

Sei $g \sim P \times Q$ eine Gerade und $\{\gamma \mathcal{C} + \delta \mathcal{D}\}$ ein regulärer Kegelschnitt. Aufgrund von (4.3) aus dem Beweis von Proposition 4.1 ist g tangential an $\gamma \mathcal{C} + \delta \mathcal{D}$ genau dann, wenn

$$0 \;=\; \det \begin{bmatrix} \gamma \mathcal{C}[P] + \delta \mathcal{D}[P] & \gamma P^{\mathsf{T}} C Q + \delta P^{\mathsf{T}} D Q \\ \gamma Q^{\mathsf{T}} C P + \delta Q^{\mathsf{T}} D P & \gamma \mathcal{C}[Q] + \delta \mathcal{D}[Q] \end{bmatrix}.$$

Dies ist wiederum eine quadratische Gleichung in (γ, δ). Wir finden also zwei an g tangentiale Elemente des Büschels, die zusammenfallen können. Für reelle Geraden und Büschel können die tangentialen Elemente konjugiert komplex sein.

Satz 4.22 *Die Schnittpunktpaare eines regulären Büschels von Kegelschnitten mit einer Geraden in allgemeiner Lage definieren eine projektive Involution. Die Berührpunkte der beiden tangentialen Kegelschnitte sind die Fixpunkte dieser Involution.*

Beweis Allgemeine Lage heißt hier, dass die Gerade nicht durch die Schnittpunkte des Büschels verläuft und tangential an zwei verschiedene Kegelschnitte ist. (Jeder Punkt der Geraden liegt auf genau einem Kegelschnitt des Büschels.) Seien $\mathcal{C} \neq \mathcal{D}$ die tangentialen Kegelschnitte des Büschels. Ihre Berührpunkte mit der Geraden seien $P \neq Q$. Also ist $0 = \mathcal{C}[P] = \mathcal{D}[Q] = P^{\mathsf{T}}\mathcal{C}Q = Q^{\mathsf{T}}\mathcal{D}P$. Aufgrund von (4.3) ist das Schnittpunktpaar $\lambda P + \mu Q$ eines Elements $\gamma\mathcal{C} + \delta\mathcal{D}$ des Büschels mit der Geraden dann gegeben durch:

$$0 = \delta\mathcal{D}[P]\lambda^2 + \gamma\mathcal{C}[Q]\mu^2.$$

Die tangentialen Punkte P, Q für $\delta = 0$ bzw. $\gamma = 0$ sind schon bekannt. Alle anderen Schnittpunkte bilde Paare der Form $\mu = \pm\sqrt{-\delta\mathcal{D}[P]/(\gamma\mathcal{C}[Q])}\lambda$.

Die Involution hat also (in baryzentrischen Koordinaten bezüglich P, Q) die Form $\binom{\lambda}{\mu} \mapsto \binom{\lambda}{-\mu}$ und wird durch die lineare Abbildung $\mathrm{diag}\,(1, -1)$ induziert. Sie ist daher, wie behauptet, eine projektive Abbildung. (Insbesondere liegen $\binom{\lambda}{\pm\mu}$ stets harmonisch zu $\binom{1}{0}, \binom{0}{1}$, was auch direkt nachgerechnet werden kann.) $\qquad\square$

Übung 4.23 Betrachte erneut eine Vierecksmenge $(P, \tilde{P}; Q, \tilde{Q}; R, \tilde{R})$ auf einer Geraden (Übung 3.8). Seien $\{P, \tilde{P}\}, \{Q, \tilde{Q}\}, \{R, \tilde{R}\}$ paarweise disjunkt. (Die Punkte innerhalb der Paare können übereinstimmen.) Zeige, dass es genau eine projektive Involution der Geraden gibt, die die Punkte der Vierecksmenge paarweise vertauscht. Beachte Übung 3.2.

4.4 Der Kegelschnitt als projektive Gerade

Die Gleichung (4.12) eines regulären Kegelschnittes $\mathcal{C}$ kann als Gleichheit von Doppelverhältnissen geschrieben werden:

$$\frac{[O_1P_1P_3][O_1P_2P_4]}{[O_1P_1P_4][O_1P_2P_3]} = \frac{[O_2P_1P_3][O_2P_2P_4]}{[O_2P_1P_4][O_2P_2P_3]} =: (P_1, P_2; P_3, P_4)_{\mathcal{C}}. \qquad (4.13)$$

Das Doppelverhältnis zweier Punktpaare ist unabhängig von der Wahl des Zentrums *auf einem gemeinsamen Kegelschnitt.* Wie im Beweis des Fundamentalsatzes 3.10 können wir einen Kegelschnitt durch Wahl von drei Basispunkten $(0, 1, \infty)$ als projektive Gerade auffassen (Abschn. 3.4).

Sind ein regulärer Kegelschnitt C und eine Gerade g_1 gegeben, so definiert jedes Perspektivitätszentrum $O_1 \in C \setminus g_1$ eine Bijektion zwischen C und g_1. Dabei stimmen die Doppelverhältnisse auf dem Kegelschnitt mit denen auf der Geraden überein. Jedes weitere Zentrum $O_2 \in C \setminus g_2$ bezüglich einer Geraden g_2 definiert dann eine *projektive Abbildung* $g_1 \to g_2$. Jede projektive Abbildung der Ebene, die den Kegelschnitt invariant lässt, lässt auch die Doppelverhältnisse auf dem Kegelschnitt invariant.

Übung 4.24 Betrachte sechs Punkte $(P, \tilde{P}; Q, \tilde{Q}; R, \tilde{R})$ auf einem regulären Kegelschnitt, sodass die Geraden $P \times \tilde{P}, Q \times \tilde{Q}, R \times \tilde{R}$ konkurrent sind. Zeige, dass $(P, \tilde{P}; Q, \tilde{Q}; R, \tilde{R})$ dann eine Vierecksmenge bilden (Übung 3.8). Gilt die Umkehrung?

Übung 4.25 Sind zwei (disjunkte) Paare von Punkten $(P, \tilde{P}; Q, \tilde{Q})$ auf einer Geraden gegeben, so existiert genau eine projektive Involution der Geraden, die die Punkte paarweise vertauscht. Wie können die beiden Fixpunkte dieser Involution allein mit dem Lineal konstruiert werden, wenn nur irgendein regulärer Kegelschnitt vorgegeben ist? Beachte Satz 4.16. Sind die Fixpunkte bekannt, können beliebige andere Bilder durch vollständige Vierecke konstruiert werden (Abschn. 3.3).

4.5 Die Sätze von Pascal und Brianchon

Satz 4.26 (Pascal) *Liegen die Eckpunkte eines Sechsecks auf einem regulären Kegelschnitt, so schneiden sich die drei Paare einander gegenüberliegender Seiten in drei kollinearen Punkten (Abb. 4.4).*

Beweis Wir beweisen den Satz für paarweise verschiedene Punkte, sowohl aus einer algebraischen als auch aus einer geometrischen Sichtweise.
Algebraische Variante: Genau wie im Satz 2.10 (Pappos) drücken wir die behauptete Kollinarität der Schnitte $(A \times B) \times (D \times E), (C \times D) \times (F \times A), (E \times F) \times (B \times C)$ als Determinantenbeziehung aus:

$$
\begin{aligned}
0 \;=\; & \;[ABE][CDA][EFC][DFB] - [ABE][CDA][EFB][DFC] \\
& - [ABE][CDF][EFC][DAB] + [ABE][CDF][EFB][DAC] \\
& - [ABD][CDA][EFC][EFB] + [ABD][CDA][EFB][EFC] \\
& + [ABD][CDF][EFC][EAB] - [ABD][CDF][EFB][EAC]
\end{aligned}
$$

Nach Streichung der drei Paare sich gegenseitig aufhebender Terme ist das gerade die Gleichung des vorausgesetzten Kegelschnittes:

$$
0 \;=\; [ABE][CDA][EFC][DFB] - [ABD][CDF][EFB][EAC].
$$

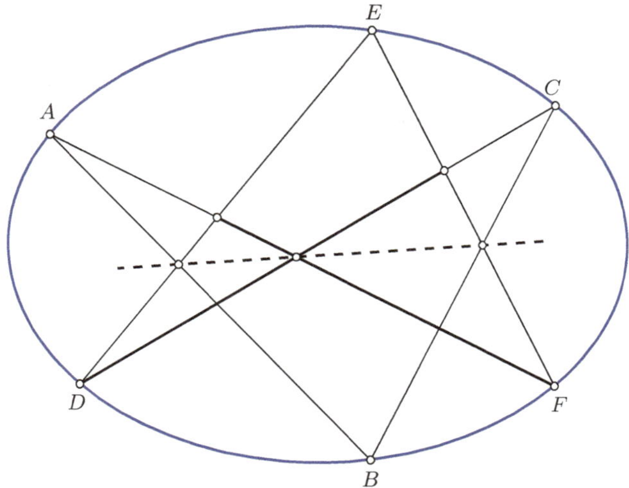

www.stefan-liebscher.de/geometry?preset=pascal&metric=elliptic

Abb. 4.4 Der Satz von Pascal

Geometrische Variante: Wir benutzen die Korrespondenz des Kegelschnittes zur projektiven Geraden. Wir betrachten die perspektiven Bilder von $DBEF$ aus A auf $D \times E$ und aus C auf $E \times F$. Dies zeigt die Gleichheit der Doppelverhältnisse

$$(D, AB \times DE; E, AF \times DE) \;=\; (DC \times EF, BC \times EF; E, F).$$

Da E in beiden Doppelverhältnissen auftaucht, müssen die Geraden durch die drei anderen Paarungen kokurrent sein (Betrachte den Schnitt der Geraden durch zwei Paarungen als Perspektivitätszentrum.) Also sind auch

$$D \times C, \quad (AB \times DE) \times (BC \times EF), \quad A \times F,$$

konkurrent, wie behauptet. $\square$

Der Satz 2.10 (Pappos) wird zum Korollar des Satzes 4.26 (Pascal), wenn der Kegelschnitt zu einem Paar von Geraden entartet.

Übung 4.27 Diskutiere den Satz von Pascal für singuläre Lagen der Punkte.

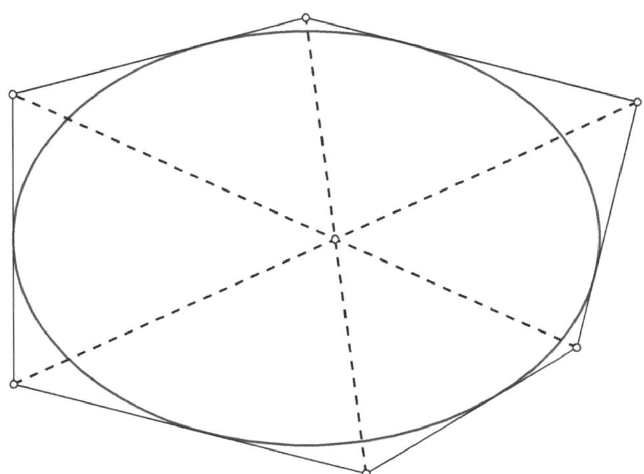

www.stefan-liebscher.de/geometry?preset=brianchon&metric=elliptic

Abb. 4.5 Der Satz von Brianchon

Satz 4.28 (Brianchon) *Die drei Diagonalen eines einem regulären Kegelschnitt umbe-schriebenen Sechsseits sind konkurrent (Abb. 4.5).*

Beweis Der Satz ist dual zum Satz von Pascal.   □

Die Anordnungen der Ecken im Satz von Pascal und der Seiten im Satz von Brianchon sind nicht festgelegt. Tatsächlich finden sich 60 Pascal-Geraden zu jedem Sehnensechseck und 60 Brianchon-Punkte zu jedem Tangentensechsseit.

4.6   Kegelschnittkonstruktionen

Bemerkung 4.29 Durch fünf Punkte $P_1, \ldots, P_5$ in allgemeiner Lage wird ein eindeu-tiger Kegelschnitt definiert. Jeder sechste Punkt auf diesem Kegelschnitt erfüllt die Determinantenrelation (4.21). Als Matrix hat der Kegelschnitt die Gestalt $\mathcal{C} + \mathcal{C}^{\mathrm{T}}$ mit

$$\begin{aligned}
\mathcal{C} \;=\;\; & [P_1 P_2 P_5][P_3 P_4 P_5](P_1 \times P_3)(P_2 \times P_4)^{\mathrm{T}} \\
& -[P_1 P_3 P_5][P_2 P_4 P_5](P_1 \times P_2)(P_3 \times P_4)^{\mathrm{T}}.
\end{aligned} \tag{4.14}$$

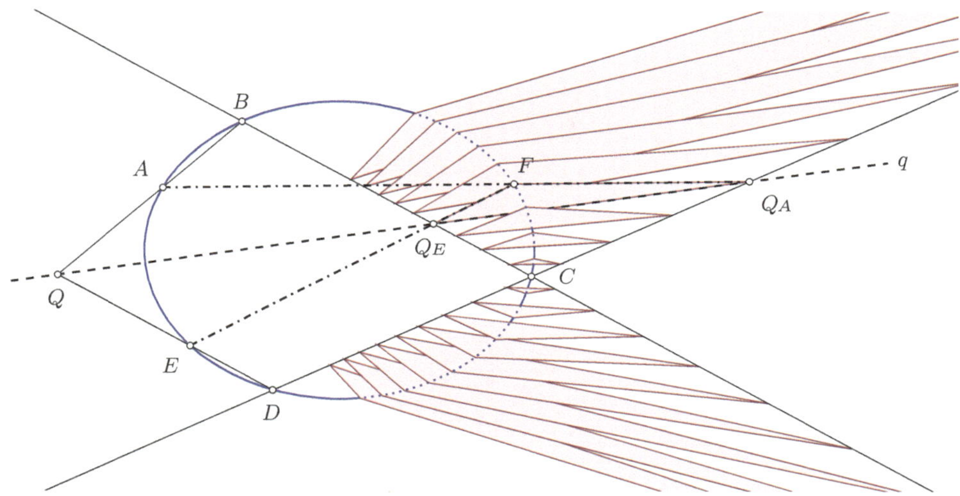

Abb. 4.6 Kegelschnittkonstruktion allein mit dem Lineal

Der Satz von Pascal ermöglicht es, weitere Punkte auf dem Kegelschnitt allein mit dem Lineal zu konstruieren (Abb. 4.6): Die Punkte $ABCDE$ seien gegeben; ein sechster Punkt F muss so liegen, dass sich die Gegenseiten AB und DE, BC und EF, CD und FA in Punkten schneiden, die auf einer gemeinsamen Linie q liegen. Der Schnitt Q von AB mit DE liegt fest. Wählt man einen Punkt Q_A als Schnitt von CD mit AF frei auf CD, so ist $q = QQ_A$ bestimmt. Projiziert man Q_A aus Q auf BC, findet man Q_E. Dieser Punkt muss der Schnittpunkt von von BC mit EF sein. Dann ist der Schnittpunkt von EQ_E mit AQ_A ein Punkt F des Kegelschnittes.

Übung 4.30 Diskutiere durch fünf Punkte in singulärer Lage definierte Kegelschnitte.

Bemerkung 4.31 Vier Punkte und eine Tangente in allgemeiner Lage definieren zwei Kegelschnitte. Drei Punkte und zwei Tangenten in allgemeiner Lage definieren vier Kegelschnitte. Per Dualität gelten entsprechende Aussagen auch für einen Punkt und vier Tangenten sowie zwei Punkte und drei Tangenten (Abb. 4.7).

Fünf Tangenten legen genauso wie fünf Punkte einen Kegelschnitt fest.

www.stefan-liebscher.de/geometry?preset=conic5&metric=elliptic

Eine Tangenten und vier Punkte legen zwei, zwei Tangenten und drei Punkte vier Kegelschnitte fest.

www.stefan-liebscher.de/geometry?preset=conic3&metric=elliptic

Abb. 4.7 Durch Peripheriepunkte und Tangenten festgelegte Kegelschnitte

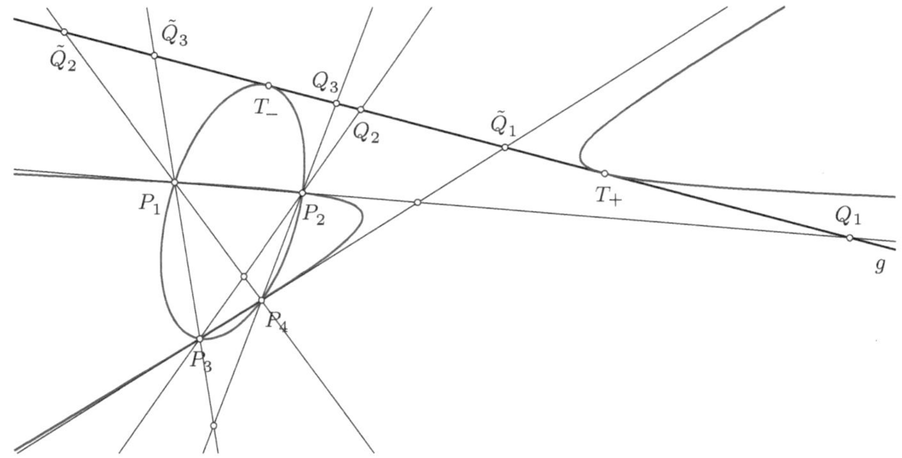

Abb. 4.8 Kegelschnitte durch vier Punkte mit gegebener Tangenten

Sind eine Gerade g und vier Punkte $P_1, \ldots, P_4$ in allgemeiner Lage gegeben, so definiert das Büschel von Kegelschnitten durch die vier Punkte eine Involution auf g, deren Fixpunkte die Berührpunkte der tangentialen Kegelschnitte des Büschels sind (Abschn. 4.3).

Die Schnittpunkte von g mit den Seiten des vollständigen Vierecks $P_1, \ldots, P_4$ bilden drei Paare $Q_\ell, \tilde{Q}_\ell$, die durch die Involution aufeinander abgebildet werden. Die Fixpunkte liegen harmonisch zu jedem der Paare, haben also die Form $\lambda_\ell Q_\ell \pm \mu_\ell \tilde{Q}_\ell$. Ist $Q_1 \nleftrightarrow \tilde{Q}_1$ können die Fixpunkte dargestellt werden als

$$T_\pm \;=\; \sqrt{[O\tilde{Q}_1 Q_2][O\tilde{Q}_1\tilde{Q}_2]}\,Q_1 \pm \sqrt{[OQ_1Q_2][OQ_1\tilde{Q}_2]}\,\tilde{Q}_1, \tag{4.15}$$

mit einem beliebigen Punkt $O \notin g$ (Abb. 4.8). Die Fixpunkte können auch allein mit dem Lineal konstruiert werden, sofern irgendein Kegelschnitt gegeben ist (Übung 4.25).

Übung 4.32 Diskutiere durch eine Gerade und vier Punkte in singulärer Lage definierte Kegelschnitte.

Sind zwei Geraden g_1, g_2 und drei Punkte P_1, P_2, P_3 in allgemeiner Lage gegeben, so definiert jeder Kegelschnitt durch P_1, P_2, P_3 ein Büschel mit dem singulären Kegelschnitt $g_1 g_2^{\mathrm{T}}$. Ist der erste Kegelschnitt tangential an beide Geraden, so hat das Büschel zwei doppelte Schnittpunkte. Die (Doppel-)Gerade durch diese beiden Tangentialpunkte ist der zweite singuläre Kegelschnitt des Büschels. Auf den Geraden $P_k \times P_\ell$ definieren alle diese Büschel dieselben projektiven Involutionen, die P_k auf P_ℓ sowie die Schnittpunkte mit g_1, g_2 aufeinander abbilden. Die vier Geraden durch ihre Fixpunkte schneiden g_1, g_2 also

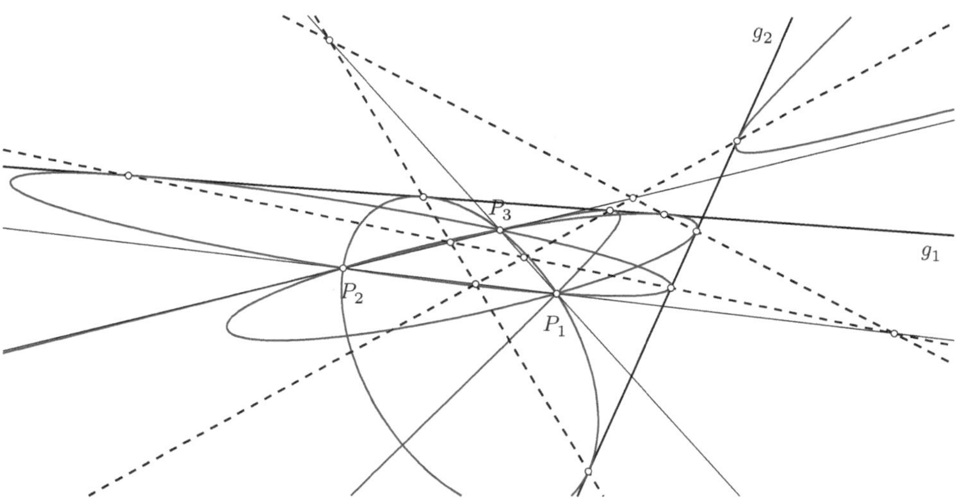

Abb. 4.9 Kegelschnitte durch drei Punkte mit zwei gegebenen Tangenten

in den Berührpunkten der tangentialen Kegelschnitte durch P_1, P_2, P_3. Diese Fixpunkte können wie zuvor bestimmt werden (Abb. 4.9).

Übung 4.33 Diskutiere durch zwei Geraden und drei Punkte in singulärer Lage definierte Kegelschnitte.

Übersicht

In diesem Kapitel widmen wir uns der Einbettung bestimmter metrischer Geometrien in die projektive. Dabei folgen wir dem Erlanger Programm von Felix Klein, als Nachdruck in Klein (1871). Die projektiv-metrischen Geometrien können anstatt durch ihre Metriken durch ihre Isometrien, also ihre Kongruenzabbildungen, charakterisiert werden. Die Kongruenzabbildungen wiederum sind bereits allein durch den Horizont, d. h. durch die unendlich fernen Punkte, bestimmt, sofern dieser Horizont als Kegelschnitt erkannt wird.

Die Klassifikation der Kegelschnitte aus dem vorhergehenden Kap. 4 wird nun zur Klassifikation der projektiv-metrischen Geometrien. Die Metrik selbst kann aus dem Doppelverhältnis zurückgewonnen werden, wenn wir ein zu messendes Punktepaar um die beiden kollinearen unendlich fernen Punkte ergänzen.

Der Spiegelungsbegriff wird dabei zum fundamentalen Baustein der Betrachtungen. Dies kennen wir schon von der euklidischen Geometrie, die ebenfalls aus dem Spiegelungsbegriff entwickelt werden kann. Zur weitergehenden Lektüre sei auf Bachmann (1973) verwiesen.

Als Anwendung studieren wie neben der euklidischen Ebene auch die Minkowski-Ebene und erkennen Lichtlinien als Tangenten an den Horizont und das Zwillingsparadoxon der speziellen Relativitätstheorie als Dreiecksungleichung der Minkowski-Geometrie.

© Springer-Verlag GmbH Deutschland 2017

43

S. Liebscher, *Projektive Geometrie der Ebene*, Springer-Lehrbuch Masterclass,
https://doi.org/10.1007/978-3-662-54080-0_5

5.1   Spiegelungen als ausgezeichnete Involutionen

Für reguläre Kegelschnitte C haben wir polare Paare in Abschn. 4.2 eingeführt als Paare (P, p) mit $p \sim CP$. Automatisch gilt dann auch $P \sim C^{-1}p$. Für singuläre Kegelschnitte treten Kerne auf.

Definition 5.1 Ein polares Paar bezüglich eines Kegelschnittes $(C, C^\triangle)$ ist ein Paar (P, p) aus Punkt P und Gerade p mit

$$\left(CP \sim p \text{ oder } CP = 0 \right) \qquad \underline{\text{und}} \qquad \left(C^\triangle p \sim P \text{ oder } C^\triangle p = 0 \right).$$

Alternativ ist (P, p) ein polares Paar, wenn $C^\triangle p = \lambda P$ und $CP = \mu p$ für geeignete Skalare λ, μ, wobei die Koeffizienten auch null sein dürfen.

Satz 5.2 *Ist (P, p) ein polares Paar zum Kegelschnitt $(C, C^\triangle)$ mit $P \notin p$, so bildet die projektive Involution mit Spiegelungszentrum P und Spiegelungsgeraden p den Kegelschnitt auf sich ab.*

Beweis (Für reguläre C folgt die Behauptung auch aus Satz 4.16.) Seien also P, p gegeben mit $C^\triangle p = \lambda P$ und $CP = \mu p$. Die Involution (3.3) hat dann die Gestalt

$$\mathcal{R} \;=\; \text{Invol}(P, p) \;=\; (p^{\mathsf{T}}P)\mathcal{I} - 2Pp^{\mathsf{T}}$$

und bildet den Kegelschnitt ab als

$$(C, C^\triangle) \;\longmapsto\; \left(\mathcal{R}^{-\mathsf{T}}C\mathcal{R}^{-1}, \mathcal{R}C^\triangle\mathcal{R}^{\mathsf{T}} \right) \;=\; \left((p^{\mathsf{T}}P)^{-2}C, (p^{\mathsf{T}}P)^2 C^\triangle \right) \;\sim\; (C, C^\triangle) \quad (5.1)$$

(Übung 4.7). Also werden tatsächlich Punkte und Tangenten des Kegelschnittes auf ebensolche abgebildet. $\qquad\Box$

Umgekehrt bilden (mit einer Ausnahme) Zentrum M und Spiegel m jeder projektiven Involution $\mathcal{R}$, die einen Kegelschnitt $(C, C^\triangle)$ auf sich abbildet, ein polares Paar. Für reguläre Kegelschnitte ist dies eine direkte Folgerung aus Satz 4.16. Die gleiche Argumentation trifft auf singuläre Kegelschnitte zu, sofern $C[M] \neq 0$ oder $C^\triangle[m] \neq 0$. Der Fall $C[M] = 0 = C^\triangle[m]$ offenbart einen Ausnahmefall: Hat C den Rang 2 und zerfällt somit in zwei verschiedene Geraden f, g, so ist $(C, C^\triangle)$ invariant unter der Involution mit Spiegel $m \sim f$ und Zentrum $M \in g \setminus f$. Ein analoger Ausnahmefall existiert für $C^\triangle$ vom Rang 2. Diese Ausnahmesituationen stellen Involutionen dar, die keine Fortsetzung haben, wenn der singuläre Kegelschnitt (durch eine Störung) regularisiert wird.

Definition 5.3 Ein   Kegelschnitt $(C, C^\triangle)$ erzeugt   zwei   Gruppen   projektiver Abbildungen:

1. $\mathrm{Cong}_{\mathbb{K}}(\mathcal{C},\mathcal{C}^{\triangle}) = \left\langle\left\{\,\mathrm{Invol}(P,p)\ \middle|\ \mathcal{C}P = \lambda p,\ \mathcal{C}^{\triangle}p = \mu P\,\right\}\right\rangle$, die Kongruenzen des Kegelschnittes, die durch von polaren Paaren gegebenen Involutionen erzeugt werden.

2. $\mathrm{Sim}_{\mathbb{K}}(\mathcal{C},\mathcal{C}^{\triangle}) = \mathrm{PGL}(3,\mathbb{K})_{(\mathcal{C},\mathcal{C}^{\triangle})}$, die Isotropien des Kegelschnittes. Dies sind alle projektiven Abbildungen, die den Kegelschnitt auf sich abbilden.

Für reguläre Kegelschnitte stimmen diese beiden Gruppen überein. Singuläre Kegelschnitte erlauben Reskalierungen, die nicht durch Involutionen erzeugt werden können. Die Kongruenzen bilden dann eine echte Untergruppe der Gruppe der Ähnlichkeitsabbildungen.

Betrachten wir einen regulären Kegelschnitt. Im Reellen existieren zwei Typen regulärer Kegelschnitte. Wir finden

$$\mathrm{Sim}_{\mathbb{R}}(\mathcal{I},\mathcal{I})\ \cong\ \mathrm{PO}(3)\ \cong\ \mathrm{O}(3)/\{\mathcal{I},-\mathcal{I}\}\ \cong\ \mathrm{SO}(3)$$

für Kegelschnitte ohne reelle Punkte. Hat der Kegelschnitt reelle Punkte, so hat er die Normalform $\mathcal{C} = \mathcal{C}^{\triangle} = \mathrm{diag}\,(1,1,-1)$ und stellt eine (reelle) projektive Gerade dar. Projektive Abbildungen, die den Kegelschnitt auf sich abbilden, sind durch vier Punkte des Kegelschnittes und ihre Bilder mit gleichem Doppelverhältnis gegeben. Sie korrespondieren also gerade zu den harmonischen Abbildungen des Kegelschnittes und damit zu den projektiven Abbildungen der projektiven Geraden:

$$\mathrm{Sim}_{\mathbb{R}}(\mathcal{C},\mathcal{C}^{\triangle})\ \cong\ \mathrm{PGL}(2,\mathbb{R}).$$

Im Komplexen sind beide Fälle äquivalent:

$$\mathrm{Sim}_{\mathbb{C}}(\mathcal{I},\mathcal{I})\ \cong\ \mathrm{PGL}(2,\mathbb{C}).$$

Übung 5.4 Liegen die vier (paarweise verschiedenen) Punkte und ihre Bilder auf einem gemeinsamen (regulären) Kegelschnitt, so lässt die durch sie festgelegte projektive Abbildung den Kegelschnitt genau dann invariant, wenn Urbilder und Bilder dasselbe Doppelverhältnis (bezüglich des Kegelschnittes) haben. Beachte Satz 2.3 und (4.13).

5.2 Die euklidische Ebene

Betten wir die euklidische Ebene durch die Normierung $\{z = 1\}$ in die projektive Ebene ein, so stellt die projektive Gerade $\{z = 0\}$ den Horizont der unendlich fernen Punkte der euklidischen Ebene dar. Angesichts des vorhergehenden Abschnitts wollen wir diesen Horizont als einen zur Doppelgeraden entarteten Kegelschnitt

$$\Omega\ =\ \mathrm{diag}\,(0,0,1)$$

ausfassen, sodass die euklidischen Kongruenzabbildungen der Gruppe $\mathrm{Cong}_{\mathbb{R}}(\Omega,\Omega^{\triangle})$ und die Ähnlichkeitsabbildungen der Gruppe $\mathrm{Sim}_{\mathbb{R}}(\Omega,\Omega^{\triangle})$ entsprechen.

Wir wissen, dass die euklidischen Kongruenzabbildungen durch die Geradenspiegelungen erzeugt werden. Aber betrachten wir zunächst Punktspiegelungen

$$
\mathcal{R}_M \; : \quad \begin{pmatrix} X^1 \\ X^2 \\ 1 \end{pmatrix} \longmapsto \begin{pmatrix} 2M^1 - X^1 \\ 2M^2 - X^2 \\ 1 \end{pmatrix} \sim \begin{pmatrix} X^1 \\ X^2 \\ 1 \end{pmatrix} - 2 \begin{pmatrix} M^1 \\ M^2 \\ 1 \end{pmatrix}
$$

am Punkt $M = (M^1, M^2, 1)^{\mathrm{T}}$. Sie haben die Matrixform $\mathcal{I} - 2Mm^{\mathrm{T}} = \mathrm{Invol}(M, m)$ einer projektiven Involution mit Zentrum M und Spiegel $m = (0, 0, 1)^{\mathrm{T}} = \Omega M$ auf dem Horizont, also wirklich $\mathcal{R}_M \in \mathrm{Cong}_{\mathbb{R}}(\Omega)$.

Euklidische Geradenspiegelungen bilden die Lote $(-m_2, m_1, c)^{\mathrm{T}}$ der Spiegelungsgeraden $m = (m_1, m_2, m_3)^{\mathrm{T}}$ auf sich ab. Das Spiegelungszentrum (das wir für eine projektive Involution benötigen) kann also nur der Schnittpunkt $M = (m_1, m_2, 0)^{\mathrm{T}}$ dieses Normalenbüschels sein. Tatsächlich ist die Involution

$$
\mathrm{Invol}(M, m) \;=\; (m^{\mathrm{T}}M)\mathcal{I} - 2Mm^{\mathrm{T}} \;=\; \begin{pmatrix} m_2^2 - m_1^2 & -2m_1 m_2 & -2m_1 m_3 \\ -2m_1 m_2 & m_1^2 - m_2^2 & -2m_2 m_3 \\ 0 & 0 & m_1^2 + m_2^2 \end{pmatrix}
$$

gerade die euklidische Geradenspiegelung an m (beachte $m_1^2 + m_2^2 \neq 0$). Die Paare (M, m) sind genau dann für alle Geraden m polare Paare, wenn

$$
\Omega^{\triangle} \;=\; \mathrm{diag}\,(1, 1, 0)
$$

gewählt wird. Mit dieser Wahl generieren polare Paare genau die euklidischen Punkt- und Geradenspiegelungen und erzeugen die euklidischen Kongruenzabbildungen:

$$
\mathrm{Cong}_{\mathbb{R}}(\,\mathrm{diag}\,(0, 0, 1), \mathrm{diag}\,(1, 1, 0)) \;=\; \mathrm{E}(2).
$$

Die Isotropien

$$
\mathcal{L} \; : \quad \Omega \sim \mathcal{L}^{-\mathrm{T}} \Omega \mathcal{L}^{-1}, \quad \Omega^{\triangle} \sim \mathcal{L}\Omega^{\triangle}\mathcal{L}^{\mathrm{T}},
$$

haben dann die Gestalt

$$
\mathcal{L} \;=\; \begin{pmatrix} \mathcal{A} & B \\ 0 \;\; 0 & \lambda \end{pmatrix}, \qquad \mathcal{A} \in O(2), \; \lambda \in \mathbb{R}.
$$

Dabei parametrisiert $\mathcal{A}$, für $\det \mathcal{A} = 1$, die Drehungen um den Ursprung; multipliziert mit einer Spiegelung für $\det \mathcal{A} = -1$. B parametrisiert die Translationen und λ die zentrischen Streckungen. Die Isotropien des Kegelschnittes sind also tatsächlich die euklidischen Ähnlichkeitsabbildungen:

$$
\mathrm{Sim}_{\mathbb{R}}(\,\mathrm{diag}\,(0, 0, 1), \mathrm{diag}\,(1, 1, 0)) \;=\; \mathrm{Sim}(E^2).
$$

Übung 5.5 Der duale Kegelschnitt $\Omega^\triangle = \mathrm{diag}\,(1,1,0)$ zerfällt in die absoluten Pole $I = (-\mathbf{i},1,0)$, $J = (+\mathbf{i},1,0)$. Zeige (analytisch), dass **jeder** euklidische Kreis in $\{z = 1\}$ den Horizont $\{z = 0\}$ in diesen beiden Punkten schneidet. (Die beiden Punkte werden deshalb auch absolute Kreispunkte genannt. Geraden durch die absoluten Pole sind Tangenten des Kegelschnittes, also **berühren** die Kreise den absoluten Kegelschnitt in beiden Punkten. Diese Sichtweise werden wir in Kap. 6 wieder aufgreifen.)

Übung 5.6 (Laguerre-Formel) Betrachte wieder die absolute Pole $I = (-\mathbf{i},1,0)$, $J = (+\mathbf{i},1,0)$ der euklidische Ebene $\{z = 1\}$ sowie zwei euklidische Geraden g, h, die den Horizont in G, H schneiden. Zeige, dass der von g, h eingeschlossene Winkel φ der Formel

$$\exp(2\mathbf{i}\varphi) = (G, H; I, J) = \frac{g^\mathrm{T} I h^\mathrm{T} J}{g^\mathrm{T} J h^\mathrm{T} I}$$

genügt, also aus dem Doppelverhältnis berechnet werden kann. (vgl. auch Übung 2.7).

5.3 Die Klassifikation durch den absoluten Kegelschnitt

Allgemein definieren wir eine (projektiv-metrische) Geometrie, indem wir einen absoluten Kegelschnitt $(\Omega, \Omega^\triangle)$ auszeichnen, der die Punkte im Unendlichen repräsentiert (und daher unter Isometrien und ggf. Ähnlichkeitsabbildungen invariant bleiben soll). Entsprechend der Klassifikation der Kegelschnitte in Tab. 4.1 erhalten wir dadurch eine Liste der in die (reelle) projektive Ebene eingebetteten Geometrien in Tab. 5.1.

Die drei hyperbolischen Fälle können zusammengefasst werden. Die reelle projektive Ebene zerfällt im hyperbolischen Fall allerdings in drei (unter den Isotropien des absoluten Kegelschnittes invariante) Teile:

(i) Lobačevskij, Beltrami-Klein: innere Punkte (ohne reelle Tangenten an Ω) + [äußere] Linien (die Ω reell schneiden)

(ii) Anti-de-Sitter: äußere Punkte (mit reellen Tangenten an Ω) + innere Linien (ohne reelle Schnitte mit Ω)

(iii) De-Sitter: äußere Punkte (mit reellen Tangenten an Ω) + äußere zeitartige Linien (die Ω reell schneiden)

Im elliptischen Fall gibt es nur innere Punkte und innere Geraden.

Mit dieser Zerlegung der hyperbolischen Ebene können die Geometrien auch über die Lage ihrer Punkte und Geraden bezüglich des absoluten Kegelschnittes charakterisiert werden (Tab. 5.2).

Tab. 5.1 Klassifikation der Geometrien durch ihren Horizont

Elliptisch:	Euklidisch:	Hyperbolisch:
$\begin{pmatrix} 1 & & \\ & 1 & \\ & & 1 \end{pmatrix}, \begin{pmatrix} 1 & & \\ & 1 & \\ & & 1 \end{pmatrix}$	$\begin{pmatrix} 0 & & \\ & 0 & \\ & & 1 \end{pmatrix}, \begin{pmatrix} 1 & & \\ & 1 & \\ & & 0 \end{pmatrix}$	$\begin{pmatrix} 1 & & \\ & 1 & \\ & & -1 \end{pmatrix}, \begin{pmatrix} 1 & & \\ & 1 & \\ & & -1 \end{pmatrix}$
Sphärische Geometrie		Lobačevskij, Beltrami-Klein
Dual-euklidisch:	Galilei:	Dual-Minkowski:
$\begin{pmatrix} 1 & & \\ & 1 & \\ & & 0 \end{pmatrix}, \begin{pmatrix} 0 & & \\ & 0 & \\ & & 1 \end{pmatrix}$	$\begin{pmatrix} 0 & & \\ & 0 & \\ & & 1 \end{pmatrix}, \begin{pmatrix} 1 & & \\ & 0 & \\ & & 0 \end{pmatrix}$	$\begin{pmatrix} 0 & & \\ & 1 & \\ & & -1 \end{pmatrix}, \begin{pmatrix} 1 & & \\ & 0 & \\ & & 0 \end{pmatrix}$
	Klassische Mechanik	
Hyperbolisch:	Minkowski:	Hyperbolisch:
$\begin{pmatrix} -1 & & \\ & 1 & \\ & & 1 \end{pmatrix}, \begin{pmatrix} -1 & & \\ & 1 & \\ & & 1 \end{pmatrix}$	$\begin{pmatrix} 0 & & \\ & 0 & \\ & & 1 \end{pmatrix}, \begin{pmatrix} 1 & & \\ & -1 & \\ & & 0 \end{pmatrix}$	$\begin{pmatrix} 1 & & \\ & -1 & \\ & & 1 \end{pmatrix}, \begin{pmatrix} 1 & & \\ & -1 & \\ & & 1 \end{pmatrix}$
Dual-Lobačevskij, Anti-de-Sitter-Raum	Pseudoeuklidisch, spezielle Relativitätstheorie	Kosmologie, De-Sitter-Raum

Tab. 5.2 Klassifikation der Geometrien durch die Lage ihrer Punkte und Geraden

Tangenten reeller Punkte an $(\Omega, \Omega^\triangle)$ sind	Schnitte reeller Geraden mit $(\Omega, \Omega^\triangle)$ sind		
	konjug. komplex	identisch	reell
konjugiert komplex	Elliptisch	Euklidisch	Lobačevskij, Beltrami-Klein
identisch	Dual-euklidisch	Galilei	Dual-Minkowski
reell	Anti-de-Sitter	Minkowski	De-Sitter

5.4 Die Metrik aus dem Doppelverhältnis

Wie können wir einer durch den absoluten Kegelschnitt $(\Omega, \Omega^\triangle)$ definierten Geometrie eine Metrik zuweisen? Wir suchen ein Abstandsmaß $\mathrm{dist}_{(\Omega, \Omega^\triangle)}$, das einem Punktepaar ein Skalar zuweist, und ein Winkelmaß $\mathrm{ang}_{(\Omega, \Omega^\triangle)}$, das einem Geradenpaar ein Skalar zuweist. Beide Maße sollen unter den Kongruenzabbildungen $\mathrm{Cong}(\Omega, \Omega^\triangle)$ invariant sein. Außerdem erwarten wir eine Additivität für Abstände kollinearer Punkte und Winkel konkurrrenter Geraden.

Proposition 5.7 Sind P, Q, R, X, Y kollinear, so gilt

$$(P, Q; X, Y)(Q, R; X, Y) \;=\; (P, R; X, Y).$$

Beweis Einsetzen in (2.20). $\square$

Bezüglich zweier fester Punkte X, Y hat der Logarithmus des Doppelverhältnisses von Punkten auf der Geraden $X \times Y$ also die gewünschte Additivität. Außerdem ist das Doppelverhältnis invariant unter allen projektiven Abbildungen. Wir kennen die zwei Punkte, die unter Kongruenzabbildungen der Geraden auf sich abgebildet werden müssen: die Schnittpunkte der Geraden mit dem absoluten Kegelschnitt.

Definition 5.8 Sind der absolute Kegelschnitt $(\Omega, \Omega^{\triangle})$ und zwei Konstanten ω_{dist}, ω_{ang} gegeben, so ist der Abstand zweier Punkte P, Q definiert als

$$\text{dist}(P, Q) \;=\; \text{dist}_{\Omega}(P, Q) \;=\; \omega_{\text{dist}} \ln (P, Q; X, Y), \qquad \{X, Y\} = g \cap \Omega, \quad P, Q \in g,$$

d. h. als Logarithmus ihres Doppelverhältnisses zu den Schnittpunkten der Geraden durch P und Q mit dem absoluten Kegelschnitt. Dual dazu ist der Winkel zweier Geraden durch

$$\text{ang}(g, h) \;=\; \text{ang}_{\Omega^{\triangle}}(g, h) \;=\; \omega_{\text{ang}} \ln (g, h; x, y)$$

gegeben, wobei x, y zu g, h konkurrente Tangenten an den Kegelschnitt bezeichnen.

Dies benötigt einige Bemerkungen:

(i)   Der Logarithmus ist nur bis auf Vielfache von $2\pi \mathbf{i}$ bestimmt.

(ii) Die Vertauschung von P, Q oder X, Y invertiert das Doppelverhältnis. Wenn X, Y also nicht konsistent gewählt werden können, ist das Vorzeichen des Abstands unbestimmt. (Die Varianten mit Vorzeichen finden aber Verwendung für Abstände entlang einer Geraden oder für Winkel in einem Büschel konkurrenter Geraden.)

(iii) Ist $P = Q \notin \Omega$, so ist $\text{dist}(P, Q) = 0$ unabhängig von g.

(iv) Ist $X = Y \notin \{P, Q\}$, so ist $\text{dist}(P, Q) = 0$. Ist der absolute Kegelschnitt regulär (oder Ω zumindest vom Rang 2), so sind dies gerade die Abstände entlang der Tangenten an den Kegelschnitt (Proposition 5.9).

(v)   Ist $X \neq Y$, $P \neq Q$, $\{X, Y\} \cap \{P, Q\} \neq \emptyset$, so ist $\text{dist}(P, Q) = \pm\infty$.

(vi) Ist $X = Y \in \{P, Q\}$ oder $P = Q \in \Omega$, so ist $\text{dist}(P, Q)$ unbestimmt.

Auf der reellen projektiven Ebene ist das Doppelverhältnis reell (X, Y reell) oder komplex mit Norm 1 (X, Y konjugiert komplex). Ein reelles Doppelverhältnis ist genau dann negativ, wenn ein innerer mit einem äußeren Punkt verglichen wird. Dieser Fall wird ausgeschlossen. (Zwischen den Punkten liegt dann ein Punkt des absoluten Kegelschnittes, dessen Abstand zu beiden Punkten unendlich ist.) Der Abstand zweier innerer oder zweier äußerer Punkte ist reell oder rein imaginär. Im zweiten Fall ist er nur bis auf Vielfache von $2\pi\,\mathrm{i}\omega_{\mathrm{dist}}$ bestimmt. (Das kennen wir von der Winkelmessung in der euklidischen Ebene.) Der Betrag und das Quadrat des Abstands werden zu reellen Größen.

Proposition 5.9 Entlang einer Tangente an den absoluten Kegelschnitt ist jedes (unter $\mathrm{Cong}(\Omega, \Omega^{\triangle})$ invariante) Abstandsmaß konstant null.

Beweis Wir führen den Beweis nur für reguläre Kegelschnitte. Kongruenzabbildungen bilden Tangenten auf Tangenten ab. Seien also $\Omega \not\ni P \neq Q$ auf einer Tangente t von Ω gegeben. Sei $p = \Omega P$ die Polare zu P und $\tilde{t} \ni P$ die zweite Tangente an Ω durch P (Abb. 5.1). Wähle $\tilde{Q} \in \tilde{t} \setminus (p \cup \{P\})$ beliebig. Die Spiegelung mit Zentrum $M = (Q \times \tilde{Q}) \cap p$ und Spiegel $m = \Omega M = (\Omega Q \cap \Omega\tilde{Q}) \times P$ vertauscht $Q, \tilde{Q}$ und lässt P fest. Also ist $\mathrm{dist}_\Omega(P, Q) = \mathrm{dist}_\Omega(P, \tilde{Q})$ mit $\tilde{Q} \in \tilde{t}$ beliebig. (Durch eine fest gewählte Spiegelung könnte $\tilde{Q}$ auch auf t zurückgespiegelt werden und durchläuft dann die Ausgangsgerade.) $\square$

Übung 5.10 Beweise Proposition 5.9 auch für Tangenten an singuläre Kegelschnitte $(\Omega, \Omega^{\triangle})$.

Proposition 5.11 Der Winkel zwischen (verschiedenen, nichttangentialen) Geraden, die sich auf dem absoluten Kegelschnitt schneiden, ist stets null.

Beweis Per Dualität ist dies ein Korollar zu Proposition 5.9. Beachte, dass Abstände entlang von Tangenten vom Berührpunkt genauso wie Winkel zu Tangenten im Berührpukt unbestimmt sind. $\square$

In der euklidischen Ebene sind das die parallelen Geraden (Übung 5.6).

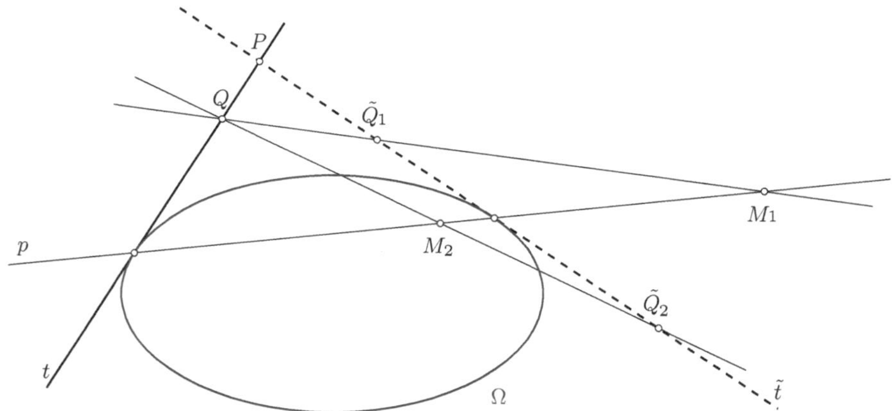

Abb. 5.1 Konstante Abstände entlang von Tangenten an den Horizont

Übung 5.12 Beweise die Aussage von Proposition 5.11 direkt, indem Du geeignete Spiegelungen angibst und grafisch darstellst.

Das Abstandsmaß dist_Ω degeneriert also notwendig für absolute Kegelschnitte mit Ω vom Rang 1 (z. B. die euklidische Ebene), da die Tangenten dann nicht durch Ω bestimmt sind. Genau wie der Kegelschnitt selbst kann der Abstand aber durch Einbeziehung der dualen Matrix $\Omega^\triangle$ desingularisiert werden. Zunächst betrachten wir jedoch die regulären Fälle des Abstands dist_Ω entlang einer projektiven Geraden.

Hyperbolische Längenmessung

Identifizieren wir $\mathbb{RP}^1 \to \mathbb{R} \cup \{\infty\}$, $\binom{P}{1} \mapsto P$, und wählen o.B.d.A. $X = -1$, $Y = 1$, so hat der Abstand (mit Vorzeichen) die Gestalt

$$\mathrm{dist}_{\mathrm{hyp}}(P, Q) \;=\; \omega_{\mathrm{dist}} \ln \frac{(P+1)(Q-1)}{(P-1)(Q+1)}. \tag{5.2}$$

Sofern P, Q nicht durch X, Y separiert werden, ist der Logarithmus reell. Halten wir einen Punkt $P = 0$ fest (und wählen $\omega_{\mathrm{dist}} \in \mathbb{R} \setminus \{0\}$), so wird der Abstand $\mathrm{dist}_{\mathrm{hyp}}(0, \cdot){:}(-1, 1) \to \mathbb{R}$ zu einer monotonen, stetigen Bijektion. Mit der Wahl

$$\omega_{\mathrm{dist}} \;:=\; -1/2 \tag{5.3}$$

wird die partielle Ableitung $\partial_Q \mathrm{dist}_{\mathrm{hyp}}(0, Q)|_{Q=0} = 1$ von $\mathrm{dist}_{\mathrm{hyp}}(0, \cdot)$ in 0 normiert, sodass nahe $P = 0$ die Abstandsmessung euklidisch wird.

Proposition 5.13 Sind $-1 < P, Q < 1$, so stimmt der durch (5.2) und (5.3) definierte hyperbolische Abstand von P und Q mit der doppelten Fläche überein, die durch die Hyperbel $\left\{ \binom{x}{y} \;\middle|\; y = \sqrt{1 + x^2} \right\}$ und die Strahlen vom Ursprung durch $\binom{P}{1}$ und $\binom{Q}{1}$ begrenzt wird (Abb. 5.2).

Beweis Dank der Additivität des Abstands ist o.B.d.A. $P = 0$. Sei $(H, \sqrt{1 + H^2})^\mathrm{T}$ der Schnittpunkt der Hyperbel mit dem Strahl durch $\binom{Q}{1}$, d. h. $Q = H/\sqrt{1 + H^2}$. Wir finden den Abstand

$$\mathrm{dist}_{\mathrm{hyp}}(0, Q) \;=\; \frac{1}{2} \ln \frac{1+Q}{1-Q} \;=\; \ln\left(H + \sqrt{1 + H^2}\right)$$

und die doppelte Fläche

$$2 \int_0^H \sqrt{1 + x^2}\, \mathrm{d}x - H\sqrt{1 + H^2} \;=\; \left[x\sqrt{1 + x^2} + \ln\left(x + \sqrt{1 + x^2}\right) \right]_0^H - H\sqrt{1 + H^2}.$$

Beide stimmen überein. $\qquad\square$

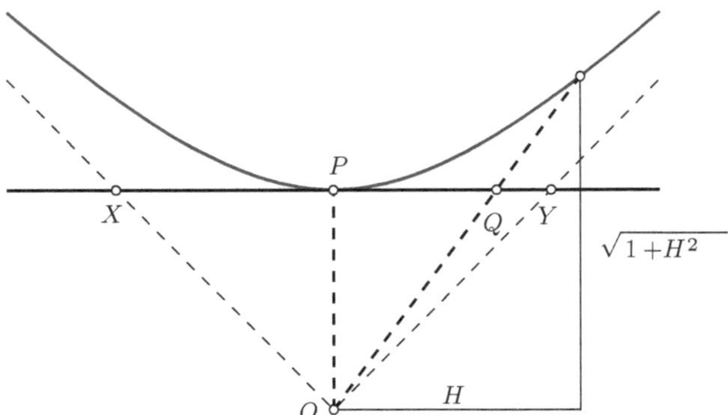

Abb. 5.2 Hyperbolische Längenmessung

Verglichen mit der Klassifikation aus Abschn. 5.3 sind die Längenmessungen entlang
äußerer Geraden (zwei verschiedene reelle Schnitte mit Ω) und die Winkelmessungen an
äußeren Punkten (zwei verschiedene reelle Tangenten an Ω) hyperbolisch.

Elliptische Längenmessung

Identifizieren wir $\mathbb{RP}^1 \to \mathbb{R} \cup \{\infty\}$, $\binom{P}{1} \mapsto P$, und wählen o.B.d.A. $X = -\mathbf{i}$, $Y = \mathbf{i}$, so hat
der Abstand (mit Vorzeichen) die Gestalt

$$\mathrm{dist}_{\mathrm{ell}}(P, Q) \;=\; \omega_{\mathrm{dist}} \ln \frac{(P+\mathbf{i})(Q-\mathbf{i})}{(P-\mathbf{i})(Q+\mathbf{i})}. \tag{5.4}$$

Der Quotient hat die Norm 1, d. h., der Logarithmus ist rein imaginär. Halten wir einen
Punkt $P = 0$ fest (und wählen $\omega_{\mathrm{dist}} \in \mathbf{i}\mathbb{R} \setminus \{0\}$), so wird der Abstand $\mathrm{dist}_{\mathrm{ell}}(0, \cdot) : \mathbb{RP}^1 \to$
$\mathbb{R}/2\pi\mathbf{i}\omega_{\mathrm{dist}}\mathbb{Z}$ zu einer stetigen Bijektion. Mit der Wahl

$$\omega_{\mathrm{dist}} \;:=\; -\mathbf{i}/2 \tag{5.5}$$

ist $\partial_Q \mathrm{dist}_{\mathrm{ell}}(0, Q)|_{Q=0} = 1$, sodass nahe $P = 0$ die Abstandsmessung euklidisch wird.

Proposition 5.14 Sind $P, Q \in \mathbb{R}$, so stimmt der durch (5.4) und (5.5) definierte elliptische
Abstand von P und Q (modulo 2π) mit der doppelten Fläche überein, die durch den Kreis
$\left\{ \binom{x}{y} \;\middle|\; y = \sqrt{1 - x^2} \right\}$ und die Strahlen vom Ursprung durch $\binom{P}{1}$ und $\binom{Q}{1}$ begrenzt wird
(Abb. 5.3).

Beweis Dank der Additivität des Abstands ist o.B.d.A. $P = 0$. Wir finden den Abstand

$$\mathrm{dist}_{\mathrm{ell}}(0, Q) \;=\; \frac{1}{2\mathbf{i}} \ln \frac{\mathbf{i}-Q}{\mathbf{i}+Q} \;=\; \frac{1}{\mathbf{i}} \ln \frac{\mathbf{i}-Q}{\sqrt{1+Q^2}}.$$

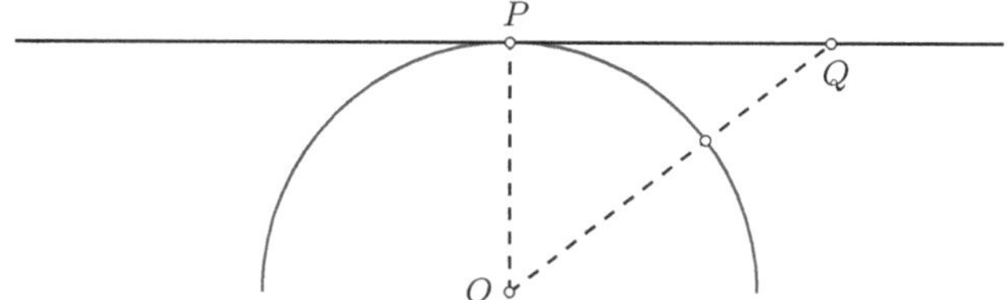

Abb. 5.3 Elliptische Längenmessung

Das Argument des Logarithmus ist der Schnittpunkt des Strahles durch Q mit dem Einheitskreis, aufgefasst als komplexe Zahl. Der Abstand ist also genau die Bogenlänge entlang des Einheitskreises zwischen den beiden Strahlen durch P und Q. $\square$

Verglichen mit der Klassifikation aus Abschn. 5.3 sind die Längenmessungen entlang innerer Geraden (keine reellen Schnitte mit dem absoluten Kegelschnitt Ω) und die Winkelmessungen an inneren Punkten (keine reellen Tangenten an den absoluten Kegelschnitt Ω) elliptisch. Insbesondere ist die Winkelmessung der euklidischen Ebene elliptisch (Übung 5.6).

Parabolische (euklidische) Längenmessung

Ist $X = Y$, so ist der Abstand aus Definition 5.8 identisch null. Trotzdem wollen wir einen regulären Abstand finden. In der Tat kennen wir einen Kandidaten: den euklidischen Abstand.

Die elliptische Längenmessung (5.4) besitzt eine absolute Länge, den „Umfang der Welt", der durch (5.5) auf 2π normiert ist. Wählen wir $X = -\varepsilon^{-1}\mathbf{i}$, $Y = \varepsilon^{-1}\mathbf{i}$, so entspricht der Grenzwert $\varepsilon \to 0$ einem Übergang zum degenerierten Fall $X = Y = \infty$. Bei festem Koeffizienten ω_{dist} konvergiert auch die absolute Länge gegen ∞, sodass in Relation alle Abstände verschwinden. Das Fehlen einer absoluten Länge zeigt sich auch in den Skalierungssymmetrien der zu Doppelgeraden entarteten absoluten Kegelschnitte.

Auch die hyperbolische Längenmessung (5.2) besitzt eine solche, durch (5.3) normierte, absolute Länge, hier aber in imaginärer Richtung. Wählen wir $X = -\varepsilon^{-1}$, $Y = \varepsilon^{-1}$ bei festem Koeffizienten ω_{dist}, so degeneriert das Längenmaß im euklidischen Grenzfall $\varepsilon \to 0$ ebenfalls.

Halten wir jedoch im Grenzübergang $\varepsilon \to 0$ die Länge einer Referenzstrecke fest, so müssen wir ω_{dist} entsprechend mit ε^{-1} skalieren. Wie bei der Festlegung des Koeffizienten (5.3) können wir auch die Linearisierung in $P = 0$ festhalten. Der hyperbolische Abstand bezüglich $X = -\varepsilon^{-1}$, $Y = \varepsilon^{-1}$ wäre dann

$$\mathrm{dist}_{\mathrm{hyp},\varepsilon}(0, Q) \;=\; \omega_{\mathrm{dist},\varepsilon}\, \ln \frac{1-\varepsilon Q}{1+\varepsilon Q}, \qquad \omega_{\mathrm{dist},\varepsilon} \;=\; -\frac{1}{2\varepsilon}.$$

Tab. 5.3 Klassifikation der Geometrien durch ihre Abstands- und Winkelmaße

Der Winkel $\mathrm{ang}_{(\Omega,\Omega^\Delta)}$ von Geraden ist	Der Abstand $\mathrm{dist}_{(\Omega,\Omega^\Delta)}$ von Punkten ist		
	elliptisch	parabolisch	hyperbolisch
elliptisch	Elliptisch	Euklidisch	Lobačevskij, Beltrami-Klein
parabolisch	Dual-euklidisch	Galilei	Dual-Minkowski
hyperbolisch	Anti-de-Sitter	Minkowski	De-Sitter

Wir finden im (punktweisen) Grenzwert den euklidischen Abstand

$$\lim_{\varepsilon \to 0} \mathrm{dist}_{\mathrm{hyp},\varepsilon}(0,Q) \;=\; Q.$$

Den gleichen Grenzwert erhalten wir bei Skalierung des elliptischen Abstands.

Der euklidische Abstand setzt voraus, dass der Punkt $X = Y$ des absoluten Kegelschnittes die Koordinaten $(1,0)^{\mathrm{T}}$ besitzt. Im allgemeinen Fall ergibt sich der parabolische Abstand als projektive Skalierung: Legen $\underline{0},\underline{1}$ die Einheitsstrecke fest und bezeichnet $\underline{\infty} = X = Y$ den Punkt des absoluten Kegelschnittes, so ist mit

$$\mathrm{dist}_{\mathrm{par}}(P,Q) \;=\; (\underline{0},\underline{1};Q,\underline{\infty}) - (\underline{0},\underline{1};P,\underline{\infty}) \tag{5.6}$$

der parabolische Abstand festgelegt.

Verglichen mit der Klassifikation aus Abschn. 5.3 sind die Längenmessungen der euklidischen, der Galilei- und der Minkowski-Ebenen parabolisch. Gleiches gilt für die Winkelmessungen der dual-euklidischen, der Galilei- und der Dual-Minkowski-Ebenen.

Jetzt können wir die projektiv-metrischen Geometrien (Tab. 5.1) auch über ihre Abstands- und Winkelmessungen charakterisieren (Tab. 5.3).

Desingularisierter Abstandsvergleich

Wir haben gesehen, dass ein nicht identisch verschwindender Abstandsbegriff bezüglich eines zur Doppelgeraden entarteten absoluten Kegelschnittes Ω auch von Ω^Δ abhängen muss. Entlang einer projektiven Geraden kann ein solcher Abstand als geeignet skalierter Grenzwert der Abstände bezüglich regulärer Kegelschnitte gefunden werden. Wir wollen daher auch für die projektive Ebene eine algebraisch handhabbare und auch für singuläre absolute Kegelschnitte (Ω, Ω^Δ) verwendbare Invariante der Kongruenzabbildungen konstruieren, die Abstandsvergleiche ermöglicht.

Für Längenvergleiche genügt im regulären Fall das Doppelverhältnis $(P,Q;X,Y)$, wobei Kehrwerte identifiziert werden sollten. Sind $P \neq Q$ feste Repräsentanten und $P,Q \notin \Omega$, so ergibt (4.3) die Schnittpunkte $X,Y = \lambda P + \mu Q$ der Geraden $P \times Q$ mit dem absoluten Kegelschnitt Ω als

$$\begin{pmatrix} \lambda \\ \mu \end{pmatrix} \;=\; \begin{pmatrix} P^{\mathrm{T}}\Omega Q \pm \sqrt{D} \\ \Omega[P] \end{pmatrix}, \qquad D \;=\; (P^{\mathrm{T}}\Omega Q)^2 - \Omega[P]\,\Omega[Q]. \tag{5.7}$$

Das Doppelverhältnis ist also

$$(P, Q; X, Y) \;=\; \frac{P^{\mathrm{T}}\Omega Q - \sqrt{D}}{P^{\mathrm{T}}\Omega Q + \sqrt{D}} \;=:\; c_1 \tag{5.8}$$

bzw. dessen Kehrwert. Die Identifikation mit dem Kehrwert wird durch den symmetrischen Ausdruck

$$c_2 \;:=\; \frac{c_1 + 1}{2\sqrt{c_1}} \;=\; \frac{1}{2}\left(\sqrt{c_1} + \frac{1}{\sqrt{c_1}}\right) \;=\; \frac{P^{\mathrm{T}}\Omega Q}{\sqrt{\Omega[P]\Omega[Q]}} \tag{5.9}$$

geleistet, allerdings wieder mit evtl. mehrdeutigem Vorzeichen.

Übung 5.15 Für komplexe Zahlen $w \in \mathbb{C}$ gilt

$$\cos \frac{\ln w}{2\mathbf{i}} \;=\; \frac{\sqrt{w} + 1/\sqrt{w}}{2} \;=\; \frac{w + 1}{2\sqrt{w}},$$

also mit $\omega_{\mathrm{dist}} = 1/(2\mathbf{i})$ auch

$$\mathrm{dist}(P, Q) \;=\; \frac{1}{2\mathbf{i}} \ln (P, Q; X, Y) \;=\; \arccos \frac{P^{\mathrm{T}}\Omega Q}{\sqrt{\Omega[P]\Omega[Q]}}.$$

Vergleiche im Fall der elliptischen Geometrie, $\Omega = \mathcal{I}$, die Abstandsmessung in $\mathbb{R}\mathrm{P}^2$ mit der euklidischen Winkelmessung in $\mathbb{R}^3$.

Bevor wir eine geeignete Reskalierung für singuläre Kegelschnitte finden, wandeln wir die Invariante nochmals ab:

$$c_3 \;:=\; 1 - c_2^2 \;=\; \frac{\Omega[P]\Omega[Q] - (P^{\mathrm{T}}\Omega Q)^2}{\Omega[P]\Omega[Q]} \;=\; \frac{\Omega^{\triangle}[P \times Q]}{\Omega[P]\Omega[Q]}. \tag{5.10}$$

Die Gleichheit verlangt hier, dass für $\Omega^{\triangle}$ die Adjunkte (symmetrische Kofaktormatrix) von Ω verwendet wird. Als Invariante genügt natürlich auch jedes skalare Vielfache.

Übung 5.16 Sei $\mathcal{C}^{\triangle}$ die (transponierte) Kofaktormatrix zur (3×3)-Matrix $\mathcal{C}$, die als symmetrisch angenommen werden darf (aber nicht muss). Zeige

$$\mathcal{C}^{\triangle\mathrm{T}}(P \times Q) \;=\; \mathcal{C}P \times \mathcal{C}Q.$$

(Äquivalenz folgt bereits aus der Inzidenzerhaltung der Polarität.)

Übung 5.17 Sei $\mathcal{C}^{\triangle}$ die (transponierte) Kofaktormatrix zur (3×3)-Matrix $\mathcal{C}$, die als symmetrisch angenommen werden darf (aber nicht muss). Zeige

$$\mathcal{C}^{\triangle}[P \times Q] \;=\; \mathcal{C}[P]\mathcal{C}[Q] - (P^{\mathrm{T}}\mathcal{C}Q)(Q^{\mathrm{T}}\mathcal{C}P).$$

Ungeachtet der Herleitung ist offensichtlich, dass (5.10) unter Spiegelungen (5.1) mit einem konstanten Faktor skaliert wird, der unabhängig von den Punkten ist. Also ist durch gleiche Werte c_3 eine Relation auf den Punktepaaren definiert, die invariant unter Kongruenzabbildungen der Geometrie ist. (Die Invariante ist unabhängig von Skalierungen der Argumente P, Q.) Statt der Adjunkten kann ein beliebiges Vielfaches verwendet werden, also auch die (desingularisierten) dualen Matrizen der singulären Kegelschnitte. In der Tat bleibt (5.10) auch für singuläre absolute Kegelschnitte regulär: Zu einer gegebenen (nichttangentialen) Geraden durch $P \notin \Omega$ und gegebenem Wert c_3 finden wir die zwei Punkte Q als Lösungen einer nichtdegenerierten quadratischen Gleichung.

Bemerkung 5.18 Folgende Invarianten der Kongruenzabbildungen bezüglich des absoluten Kegelschnittes $(\Omega, \Omega^\triangle)$ können (auch in singulären Geometrien) zu Abstands- und Winkelvergleichen benutzt werden:

$$\mathrm{inv}_{(\Omega,\Omega^\triangle)}(P, Q) \;=\; \frac{\Omega^\triangle[P \times Q]}{\Omega[P]\,\Omega[Q]}, \qquad \mathrm{inv}_{(\Omega,\Omega^\triangle)}(g, h) \;=\; \frac{\Omega[g \times h]}{\Omega^\triangle[g]\,\Omega^\triangle[h]}. \tag{5.11}$$

Lediglich die Additivität, die die Metrik besitzt, wird von diesen Invarianten nicht mehr erfüllt.

Übung 5.19 Vergleiche $\mathrm{inv}_{(\Omega,\Omega^\triangle)}(P, Q)$ im Falle der singulären Normalformen der Klassifikation aus Abschn. 5.3 mit den bekannten Metriken der euklidischen, Galilei- und Minkowski-Ebenen.

5.5 Spiegelungen und Orthogonalität

Die die Kongruenzabbildungen der Geometrie erzeugenden Spiegelungen wurden in Abschn. 5.1 über die durch den absoluten Kegelschnitt vermittelte Polarität charakterisiert. In der hyperbolischen Ebene können Pole und Polaren allein mit dem Lineal (bei gegebenem absoluten Kegelschnitt) konstruiert werden (Übungen 4.17 und 4.18). Tangenten an den absoluten Kegelschnitt sind dann auch konstruierbar.

Spiegelungen definieren Orthogonalität: Das Büschel der sich in einem Pol schneidenden Geraden ist das Normalenbündel der zugehörigen Polaren. Beachte, dass orthogonalen Geraden nur bei elliptischer Winkelmessung ein endlicher, reeller Winkel zugeordnet ist!

In der euklidischen Ebene sind die Normalenbündel Büschel paralleler Geraden, die sich auf Ω (der Ferngeraden) schneiden. Gleichzeitig ist die Polare jeden Punktes die Ferngerade. Daher können Spiegelungen, die stets ein Paar aus Gerade und nichtinzidentem Punkt fixieren, in Punkt- und Geradenspiegelungen getrennt werden.

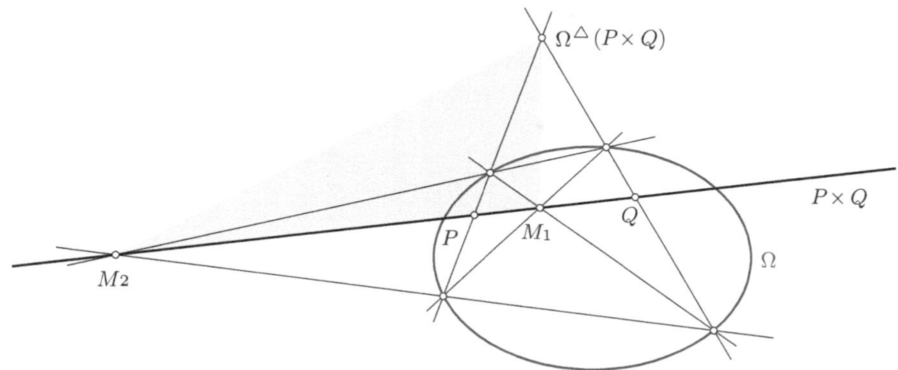

Abb. 5.4 Selbstpolares Dreieck aus Mittelpunkten und Pol

Kehren wir zur hyperbolischen Ebene zurück, nutzen wir zur Visualisierung vorrangig die äußeren Punkte und Geraden der De-Sitter-Welt, da dann Tangenten an den und Schnitte mit dem absoluten Kegelschnitt reell sind.

Tauscht eine Spiegelung zwei Punkte P, Q aus, so lässt sie deren Mittelpunkte invariant. Ist $P \neq Q$, so liegt des Spiegelungszentrum auf ihrer Verbindungsgeraden, die außerdem von der Spiegelungsgeraden geschnitten wird.

Definition 5.20 Das Spiegelungszentrum einer jeden Spiegelung, die die Punkte P und Q vertauscht, heißt Mittelpunkt von P und Q.

Wir finden zwei Mittelpunkte: Liegen P,Q nicht auf einer gemeinsamen Tangenten, so schneiden die beiden Lote in P, Q auf die Verbindungsgerade den absoluten Kegelschnitt in vier Punkten. Die Diagonalpunkte dieses Vierecks sind der Pol von $P \times Q$ und die beiden Mittelpunkte (Abb. 5.4). Die P und Q vertauschenden Spiegelungen sind gegeben durch das Zentrum in einem der Mittelpunkte und den Spiegel durch den Pol und den anderen Mittelpunkt. Das Dreieck aus Pol und Mittelpunkten besitzt drei paarweise orthogonale Seiten. Wir nennen es selbstpolar (Definition 5.21).

Algebraisch drücken wir die Mittelpunkte durch ihre baryzentrischen Koordinaten $M = \lambda P + \mu Q$ aus und nutzen die Invarianten (5.11): $\mathrm{inv}(P, M) = \mathrm{inv}(M, Q)$. Wir finden die Mittelpunkte

$$M \ \sim \ \sqrt{\Omega[Q]}P \pm \sqrt{\Omega[P]}Q, \tag{5.12}$$

die sogar für P, Q auf einer gemeinsamen Tangente Sinn machen: Sie sind die eindeutigen Fixpunkte (auf $P \times Q$) unter Spiegelungen, die P und Q vertauschen, auch wenn allgemeine Kongruenzen beliebige Punkte der Tangente aufeinander abbilden können. In jedem Falle existieren nur dann reelle Mittelpunkte, wenn $\mathrm{sgn}\,\Omega[P] = \mathrm{sgn}\,\Omega[Q]$, d. h. wenn P, Q beide innere oder beide äußere Punkte sind, sie also nicht durch den absoluten Kegelschnitt getrennt werden. In der euklidischen Ebene liegt einer der Mittelpunkte auf der Ferngeraden.

Definition 5.21 Bildet in einem Dreieck $D_1D_2D_3$ jeder Eckpunkt mit der gegenüberliegenden Seite ein polares Paar bezüglich eines Kegelschnittes $(\mathcal{C}, \mathcal{C}^\triangle)$, so nennen wir das Dreieck (bezüglich des Kegelschnittes) selbstpolar.

Proposition 5.22 Die Diagonaldreiecke jedes Sehnenvierecks und jedes Tangentenvierseits eines regulären Kegelschnittes sind zu diesem selbstpolar.

Beweis Aufgrund der Dualität betrachten wir o.B.d.A. ein beliebiges Sehnenviereck des Kegelschnittes. Sei M ein Diagonalpunkt und m seine Polare. Die durch M, m definierte Spiegelung lässt den Kegelschnitt und die zwei durch M gehenden Vierecksseiten invariant, tauscht also die Eckpunkte des Sehnenvierecks paarweise. Die anderen beiden Diagonalpunkte bleiben deshalb jeweils invariant, müssen also auf m liegen. $\qquad\square$

Übung 5.23 Zeige, dass Proposition 5.22 auch für singuläre Kegelschnitte gilt, sofern das Viereck/Vierseit in allgemeiner Lage ist (keine drei Ecken/Seiten kollinear/konkurrent).

Generell können Spiegelbilder durch harmonische Ergänzung konstruiert werden (Abschn. 3.1 und Abschn. 3.3). In der hyperbolischen Ebene (mit gegebenem absoluten Kegelschnitt) können wir Spiegelbilder äußerer Punkte (d. h. mit reellen Tangenten an den Kegelschnitt) nun auch über Tangentenvierseite konstruieren. Dual dazu sind Spiegelbilder äußerer Geraden (d. h. den Kegelschnitt reell schneidender Linien) über Sehnenvierecke bestimmt. Innere Punkte können als Schnitt äußerer Geraden und innere Geraden als Geraden durch zwei äußere Punkte gespiegelt werden.

In Abb. 5.5 links wird der Punkt P im Spiegel m reflektiert. Die Tangenten t_1, t_2 durch den Urbildpunkt P an den Kegelschnitt $\mathcal{C}$ schneiden den Spiegel m in den Punkten P_1, P_2. Die anderen Tangenten $\tilde{t}_1, \tilde{t}_2$ durch P_1, P_2 an den Kegelschnitt $\mathcal{C}$ schneiden sich im Bildpunkt $\tilde{P}$. In Abb. 5.5 rechts wird die Gerade g im Spiegel m reflektiert. Die Schnittpunkte

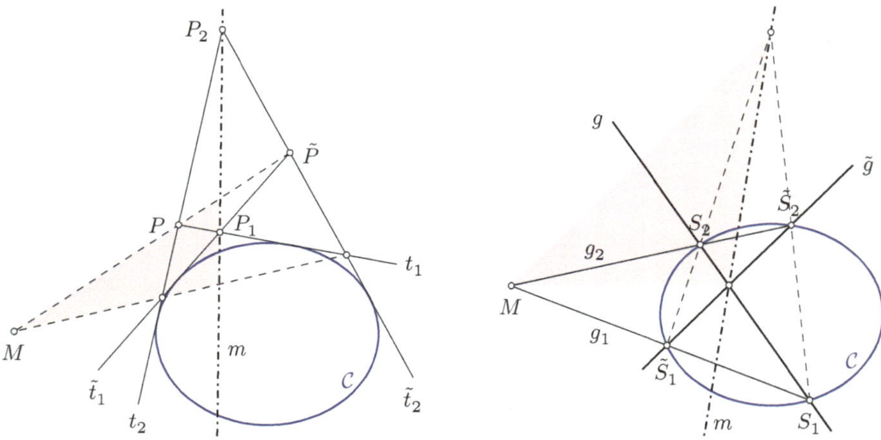

Abb. 5.5 Spiegelung von Punkten und Geraden

S_1, S_2 der Urbildgeraden g mit dem Kegelschnitt $\mathcal{C}$ liegen mit dem Spiegelungszentrum M auf zwei Geraden g_1, g_2. Diese schneiden den Kegelschnitt $\mathcal{C}$ in zwei weiteren Punkten $\tilde{S}_1, \tilde{S}_2$. Die Gerade $\tilde{g}$ durch $\tilde{S}_1, \tilde{S}_2$ ist das Spiegelbild von g.

Übung 5.24 Gib (alternative) Konstruktionen des Spiegelbildes eines inneren Punktes an.

Übung 5.25 Sei ein Dreieck äußerer Punkte des regulären absoluten Kegelschnittes gegeben. Zeige durch Anwendung des Satzes von Brianchon, dass die drei Paare von Mittelsenkrechten ein vollständiges Viereck bilden. (Die Ecken sind die Umkreismittelpunkte.) Zeige auch, dass die drei Paare von Mittelpunkten ein vollständiges Vierseit bilden. (Die Seiten sind die In- und Ankreismittelpunkte aus dualer Sicht.)

5.6 Die Minkowski-Ebene

Sei der absolute Kegelschnitt durch

$$\Omega = \begin{pmatrix} 0 & & \\ & 0 & \\ & & 1 \end{pmatrix}, \qquad \Omega^\triangle = \begin{pmatrix} 1 & & \\ & -1 & \\ & & 0 \end{pmatrix}$$

gegeben (Abschn. 5.3). Wählen wir unsere gewohnte Normierung $\{z = 1\}$, um Punkte durch Koordinaten $(x, y) \in \mathbb{R}^2$ darzustellen, ist der absolute Kegelschnitt – wie für die euklidische Ebene – die (doppelte) Ferngerade $\{z = 0\}$. Allerdings sind die absoluten Pole $(\pm 1, 1, 0)^\mathrm{T}$ im Gegensatz zur euklidischen Ebene reell.

Die Invariante (5.11) der Abstandsmessung hat für Punkte $P = (x_1, t_1, 1)^\mathrm{T}$, $Q = (x_2, t_2, 1)^\mathrm{T}$ die Form

$$\mathrm{inv}_{(\Omega, \Omega^\triangle)}(P, Q) = \frac{\Omega^\triangle[P \times Q]}{\Omega[P]\,\Omega[Q]} = (t_1 - t_2)^2 - (x_1 - x_2)^2.$$

Das ist gerade die Metrik der Minkowski-Welt,

$$\mathrm{d}s^2 = \mathrm{d}t^2 - \mathrm{d}x^2,$$

mit Zeit $t = y$ und (eindimensionalem) Ort x. (Wir folgen hier den Konventionen, in Ort-Zeit-Diagrammen den Ort auf der Abszissenachse und die Zeit auf der Ordinatenachse abzutragen und die Bogenlänge von Weltlinien positiv zu wählen.) Weltlinien kann man als Ortsmarkierungen auf einem nach unten durchlaufenden Registrierstreifen interpretieren.

Die Linien $\mathrm{d}x = \pm\mathrm{d}t$ heißen Lichtlinien. Sie sind die Weltlinien (Registrierkurven) von Lichtsignalen. Sie verlaufen durch die absoluten Pole. Es sind die Tangenten an den absoluten Kegelschnitt. In euklidischen Augen erscheinen sie (dank unserer Normierung des Kegelschnittes) als Winkelhalbierende der Achsen. Entlang der Lichtlinien sind alle Abstände null. Lichtlinien werden unter allen Ähnlichkeitsabbildungen $\mathrm{Sim}_{\mathbb{R}}(\Omega, \Omega^{\triangle})$ und insbesondere unter allen Kongruenzabbildungen $\mathrm{Cong}_{\mathbb{R}}(\Omega, \Omega^{\triangle})$ auf Lichtlinien abgebildet. Das ist die sogenannte „Konstanz" der Lichtgeschwindigkeit, die oft als Unabhängigkeit vom Ort missverstanden wird. Kurven mit $|dx| < |dt|$ nennen wir zeitartig, Kurven mit $|dx| > |dt|$ raumartig.

Die Diagonalen eines jeden Vierseits aus Lichtlinien (in allgemeiner Lage, d. h. keine drei Lichtlinien konkurrrent, also durch jeden der beiden absoluten Pole zwei Linien) sind orthogonal (Übung 5.23). In euklidischen Augen sind solche Lichtseite gerade die Rechtecke mit um 45° gegen die Achsen gedrehten Seiten. Die Minkowski-Geometrie hat eine hyperbolische Winkelmessung: Der Winkel einer Lichtlinie zu jeder anderen Linie ist unendlich. Die Diagonalen eines Lichtecks sind zwar orthogonal, werden jedoch durch die Lichtlinien getrennt. Eine der Diagonalen ist zeitartig, eine raumartig; und sie haben keinen mit unserem hyperbolischen Winkelbegriff messbaren (reellen) Winkel.

Die die Spiegelungen der Geometrie erzeugenden polaren Paare bestehen aus einer Geraden (die nicht die Ferngerade ist) und ihrem Pol auf der Ferngeraden oder aus einem Punkt (nicht auf der Ferngeraden) und der Ferngaraden als seiner Polare. Wir können also – wie für die euklidische Ebene – Punkt- und Geradenspiegelungen unterscheiden.

Übung 5.26 Jede Punktspiegelung ist das Produkt zweier Geradenspiegelungen an (in der Minkowski-Geometrie!) orthogonalen Geraden.

Wir betrachten also nur die Geradenspiegelungen. Der Pol des Spiegels ist der Schnittpunkt seiner Lote und liegt auf der Ferngeraden. Die Spiegelungsgerade selbst (sofern zeitartig) kann man sich als Weltlinie eines bewegten Spiegels vorstellen. Im Spiegel sind orthogonale Geraden und Spiegelbilder durch Lichtseite bestimmt. In Abb. 5.6 ist das Spiegelbild $\tilde{P}$ eines Punktes P in einem Spiegel m die gegenüberliegende Ecke des Lichtseits. Die Gerade durch $P, \tilde{P}$ ist ein Lot auf m.

Insbesondere finden wir die Spiegelungen

$$(x, t) \;\longmapsto\; (x_0 - x, t) \qquad \text{und} \qquad (x, t) \;\longmapsto\; (x, t_0 - t)$$

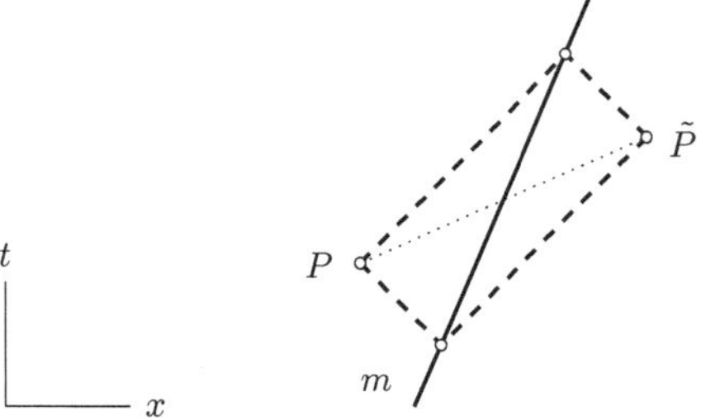

Abb. 5.6 Spiegelung in der Minkowski-Ebene

an zu den Achsen parallelen Spiegeln. Die Hintereinanderausführungen dieser Spiegelungen erzeugen die Translationen

$$(x, t) \;\longmapsto\; (x_0 + x, t_0 + t).$$

Eine allgemeine Spiegelung (3.3) an einem Spiegel $m = (\xi, \tau, 0)$, der o.B.d.A. durch den Koordinatenursprung verläuft, hat die Form

$$\mathcal{R}_m \;=\; \mathrm{Invol}(\Omega^\triangle m, m) \;=\; \Omega^\triangle[m]\mathcal{I} - 2\Omega^\triangle m m^{\mathsf{T}}$$

$$=\; \begin{pmatrix} -\xi^2 - \tau^2 & -2\xi\tau & \\ 2\xi\tau & \xi^2 + \tau^2 & \\ & & \xi^2 - \tau^2 \end{pmatrix}.$$

Normierung der z-Koordinate liefert

$$\mathcal{R}_m \;:\; \begin{pmatrix} x \\ t \end{pmatrix} \;\longmapsto\; \frac{\xi^2 + \tau^2}{\xi^2 - \tau^2} \begin{pmatrix} -1 & \dfrac{-2\xi\tau}{\xi^2 + \tau^2} \\ \dfrac{2\xi\tau}{\xi^2 + \tau^2} & 1 \end{pmatrix} \begin{pmatrix} x \\ t \end{pmatrix}.$$

Bezeichnet v die Relativgeschwindigkeit der Bezugssysteme, d. h. den Winkel des Bildes von $\{x = 0\}$ zur stationären Weltlinie $\{x = 0\}$, und γ den Lorentz-Faktor,

$$v \;=\; -\frac{2\xi\tau}{\xi^2 + \tau^2}, \qquad \gamma \;=\; \frac{\xi^2 + \tau^2}{|\xi^2 - \tau^2|} \;=\; \frac{1}{\sqrt{1 - v^2/c^2}}, \qquad c = 1 > |v|,$$

so finden wir die (eigentlichen orthochronen) Lorentz-Transformationen,

$$\begin{pmatrix} x \\ t \end{pmatrix} \;\longmapsto\; \gamma \begin{pmatrix} x - vt \\ t - vx/c^2 \end{pmatrix}, \qquad c = 1,$$

als Spiegelungen an zeitartigen Spiegeln ($|\xi| > |\tau|$) mit Ortsumkehr ($x \mapsto -x$) und als Spiegelungen an raumartigen Spiegeln ($|\xi| < |\tau|$) mit Zeitumkehr ($t \mapsto -t$).

Die Gruppe der durch eine Doppelgerade mit reellen absoluten Polen (als absolutem Kegelschnitt) erzeugten Kongruenzen ist daher das semidirekte Produkt der Lorentz-Gruppe mit den Verschiebungen

$$\mathrm{Cong}_{\mathbb{R}}(\,\mathrm{diag}\,(0, 0, 1), \mathrm{diag}\,(1, -1, 0)) \;=\; \mathbb{R}^2 \rtimes O(1, 1).$$

Sie hat vier Zusammenhangskomponenten, die durch Raum- und/oder Zeitumkehr ineinander übergehen. Wie in der euklidischen Ebene finden wir auch Ähnlichkeitsabbildungen durch Verknüpfung der Kongruenzen mit zentrischen Steckungen. Alle diese Abbildungen bilden zeitartige Linien stets auf zeitartige Linien und raumartige Linien auf raumartige Linien ab. Die schon in Abschn. 5.1 angesprochenen Ausnahmen, die raum- und zeitartige Linien ineinander spiegeln, haben in Minkowski-Räumen höherer Dimension keine Entsprechungen.

Die Vorstellung einer Uhr als Zählung der Perioden eines Lichtstrahles zwischen zwei Spiegeln veranschaulicht, dass die Eigenzeit eines Beobachters durch das Abstandsmaß entlang seiner (zeitartigen) Weltlinie gegeben ist (Abb. 5.7).

Das Zwillingsparadoxon, das keine Besprechung des Minkowski-Raumes auslassen kann, erweist sich als äquivalent zur euklidischen Dreiecksungleichung – und damit als genauso „paradox" wie diese: Zwei Zwillinge $g, \tilde{g}$ starten im Punkt A und bewegen sich

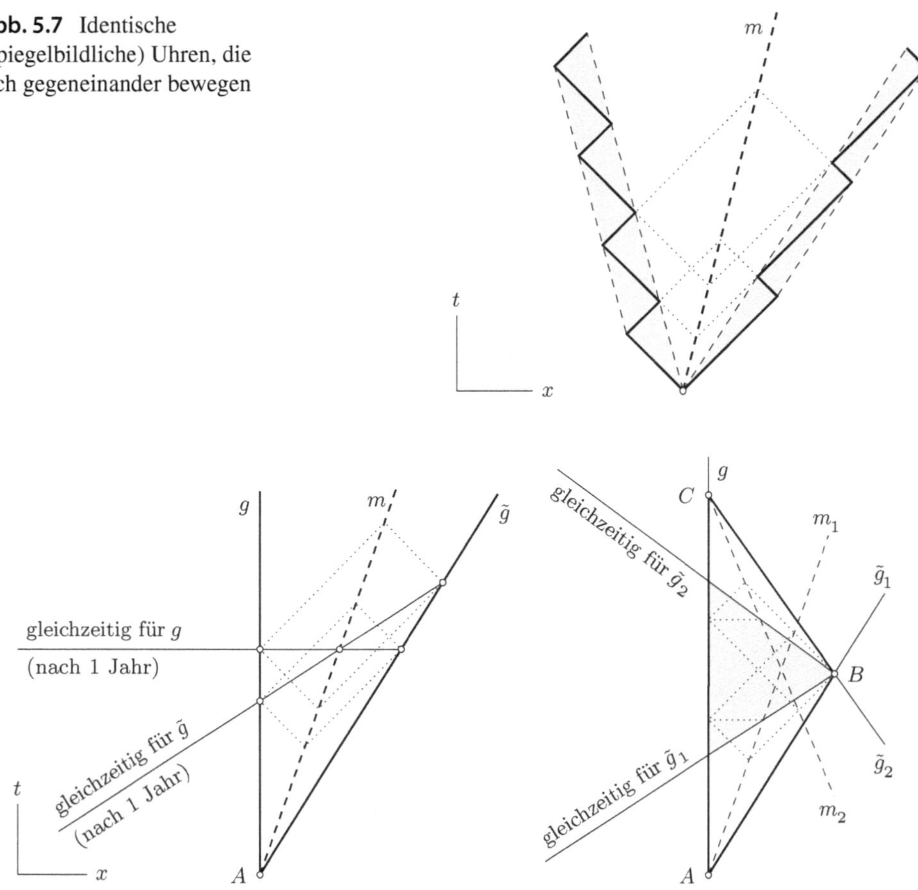

Abb. 5.7 Identische (spiegelbildliche) Uhren, die sich gegeneinander bewegen

Abb. 5.8 Zeitdilatation und Zwillingsparadoxon

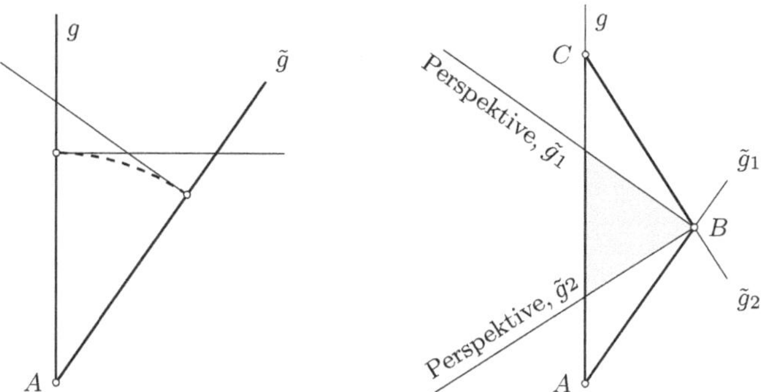

Abb. 5.9 Das euklidische „Zwillingsparadoxon"

entlang unterschiedlicher Weltlinien. Aus der Perspektive (subjektiver Gleichzeitigkeit) jedes der Zwillinge altert der andere langsamer, da Abstände in der Projektion länger werden (Abb. 5.8 links). Der im Punkt B umkehrende Zwilling wechselt dort seine Perspektive, wodurch ein Teil der Weltlinie des anderen Zwillings in seiner Bilanz fehlt (Abb. 5.8 rechts). Treffen sich beide im Punkt C, so stimmt nur die Bilanz des daheim gebliebenen Zwillings und zeigt die korrekte Altersdifferenz

$$\mathrm{dist_{Mink}}(A, C) \;\geq\; \mathrm{dist_{Mink}}(A, B) + \mathrm{dist_{Mink}}(B, C).$$

Zum weiterführenden Studium sei hier Liebscher (1999) empfohlen.

In der euklidischen Ebene werden Abstände unter (orthogonaler) Perspektive kürzer: Aus Sicht beider Geraden durch A ist der Weg entlang der anderen Geraden länger (Abb. 5.9 links). In B wechselt jedoch die Perspektive, wodurch die Bilanz einen Teil der anderen Wegstrecke doppelt zählt (Abb. 5.9 rechts). In C stimmt also nur die Bilanz entlang der direkten Verbindung und zeigt die korrekte Dreiecksungleichung

$$\mathrm{dist_{eukl}}(A, C) \;\leq\; \mathrm{dist_{eukl}}(A, B) + \mathrm{dist_{eukl}}(B, C).$$

Kreise

6

Übersicht

In der Perspektive wird ein Kreis zum Kegelschnitt. Aber kann man diesem Kegelschnitt noch ansehen, dass er eigentlich ein Kreis ist?

Wir wollen in diesem Kapitel also Kreise in der durch einen gegebenen absoluten Kegelschnitt definierten Geometrie charakterisieren. Wie sich herausstellt, bleiben fast alle Eigenschaften erhalten, die wir von euklidischen Kreisen kennen, allen voran ihre Symmetrie in den Durchmessern und ihr konstanter Abstand vom Mittelpunkt.

Da die Geometrie selbst durch einen absoluten Kegelschnitt charakterisiert ist, wird die Eigenschaft, Kreis zu sein, zu einer Relation zwischen Kegelschnitten. Zwei Kegelschnitte sind einander Kreis, wenn sie sich zweimal berühren. Diese Relation ist symmetrisch und bleibt erhalten, wenn wir zu dualen Kegelschnitten übergehen.

Nur der Peripheriewinkelsatz geht verloren. Er benötigt den Außenwinkelsatz. Die Diskrepanz zwischen dem Außenwinkel und der Zusammensetzung der gegenüberliegenden Innenwinkel im Dreieck ist Ausdruck der Krümmung.

6.1 Metrische Charakterisierung

Schon in der Schule lernen wir: Ein Kreis ist der Menge aller Punkte P mit festem Abstand $\mathrm{dist}_{(\Omega,\Omega^\triangle)}(P,M)$ von seinem Mittelpunkt M:

$$\mathrm{dist}_{(\Omega,\Omega^\triangle)}(P,M) \;=\; \mathrm{const.} \tag{6.1}$$

© Springer-Verlag GmbH Deutschland 2017
S. Liebscher, *Projektive Geometrie der Ebene*, Springer-Lehrbuch Masterclass,
https://doi.org/10.1007/978-3-662-54080-0_6

In Abschn. 5.4 haben wir Abstand und Winkel aus dem Doppelverhältnis konstruiert und die besser handhabbaren Invarianten (5.11) gefunden. Ein Kreis ist der Menge aller Punkte P mit festem Wert der Invariante (5.11) zu seinem Mittelpunkt M:

$$\mathrm{inv}_{(\Omega,\Omega^\triangle)}(P, M) \;=\; \mathrm{const.} \tag{6.2}$$

Beide Charakterisierungen sind äquivalent, sofern der (reelle) Abstand überhaupt existiert, d. h. Kreis und Mittelpunkt auf derselben Seite des absoluten Kegelschnittes liegen.

Bemerkung 6.1 Bezeichnet $\mathcal{X}_M$ wieder das Vektorprodukt mit M, so charakterisiert (6.2) die konzentrischen Kreise mit Mittelpunkt M als Büschel von Kegelschnitten (Abb. 6.1):

$$\left\{ \lambda\Omega + \mu\mathcal{X}_M^{\mathrm{T}}\Omega^\triangle\mathcal{X}_M \;\middle|\; (\lambda, \mu) \in \mathbb{KP}^1 \right\}. \tag{6.3}$$

Das Büschel ist genau dann trivial, wenn M im Kern von Ω liegt. Anderenfalls ist es genau dann regulär, wenn $\Omega^\triangle$ wenigstens Rang 2 hat. ($M \in \Omega$ kann aber erlaubt werden.) Dabei ist $\mathcal{X}_M^{\mathrm{T}}\Omega^\triangle\mathcal{X}_M$ der singuläre Kegelschnitt, der in die beiden Tangenten durch M an Ω zerfällt (Übung 4.8). Die gemeinsamen Punkte der konzentrischen Kreise sind also die beiden Berührpunkte der Tangenten durch den Mittelpunkt. Das Büschel ist nicht „in allgemeiner Lage": Es enthält neben dem Tangentenpaar nur noch die Doppelgerade durch

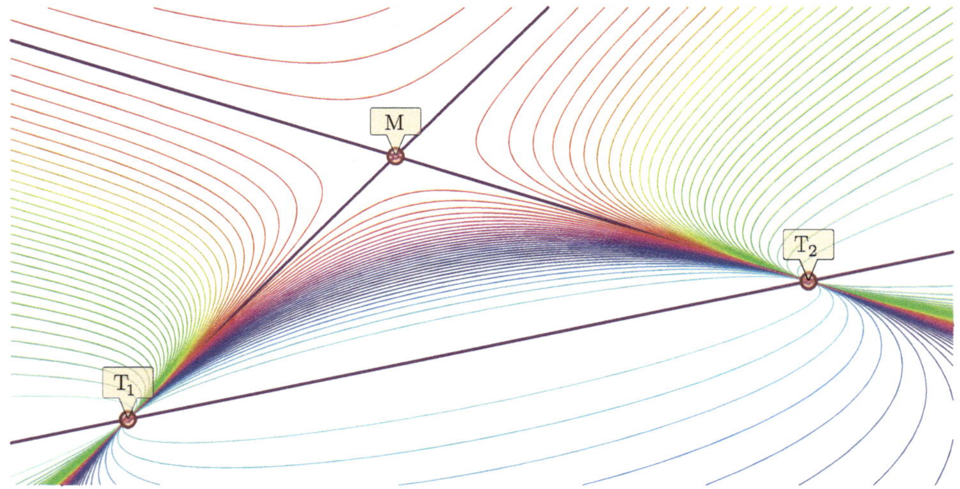

www.stefan-liebscher.de/geometry?preset=pencilcircle&metric=elliptic&webgl

Abb. 6.1 Büschel konzentrischer Kreise

die Berührpunkte T_1, T_2 als weiteren singulären Kegelschnitt. (Im Spezialfall der Horozyklen, Abschn. 8.2, fallen beide Berührpunkte genauso wie beide singulären Elemente des Büschels zusammen.)

Kreis zu sein, wird zu einer symmetrischen Relation zwischen Kegelschnitten. In einem Büschel konzentrischer Kreise kann jeder Kegelschnitt zum absoluten erklärt werden, alle anderen werden dann zu Kreisen der Geometrie.

Sind $P \neq M \notin \ker \Omega$ gegeben, so finden wir den Kreis um M durch P als Kegelschnitt zur Matrix

$$(\mathcal{X}_M^{\mathrm{T}} \Omega^{\triangle} \mathcal{X}_M)[P] \, \Omega - \Omega[P] \, \mathcal{X}_M^{\mathrm{T}} \Omega^{\triangle} \mathcal{X}_M. \tag{6.4}$$

Die Kreise mit Mittelpunkt im Kern von Ω sind nicht durch einen einzelnen Peripheriepunkt gegeben. Hat z. B. $\Omega^{\triangle}$ Rang 1, so ist der Mittelpunkt jedes regulären Kreises der absolute Pol, und Kreise können nicht durch (6.4) dargestellt werden.

6.2 Charakterisierung durch Spiegelungen

Spiegelungen erhalten Abstände von Punkten und die Invarianten (5.11). Kreise werden also durch Spiegelungen an beliebigen ihrer Durchmesser (d. h. Geraden durch den Mittelpunkt M) auf sich abgebildet. Ein (regulärer) Kreis ist der Orbit eines (Peripherie-)Punktes unter der durch die Spiegelungen an den Geraden eines Büschels (durch den Mittelpunkt) erzeugten Gruppe von Kongruenzen. Dank des Satzes 5.2 und der anschließenden Diskussion heißt das: Ein (regulärer) Kegelschnitt $\mathcal{C}$ ist ein Kreis, falls der Pol jedes Durchmessers bezüglich $\mathcal{C}$ mit dem Pol bezüglich Ω übereinstimmt. Dank Stetigkeit muss das auch für die Tangenten t_1, t_2 an Ω, an denen wir nicht spiegeln können, gelten. Also berühren sich $\mathcal{C}$ und Ω in den Polen T_1, T_2 dieser Tangenten. Die Pole der Durchmesser bilden eine Gerade m, die Polare des Mittelpunktes M bezüglich beider Kegelschnitte. Dies ist die singuläre Doppelgerade des Büschels (6.3):

$$\left\{ \lambda \Omega + \mu(t_1 t_2^{\mathrm{T}} + t_2 t_1^{\mathrm{T}}) \;\middle|\; (\lambda, \mu) \in \mathbb{KP}^1 \right\} \;=\; \left\{ \tilde{\lambda} \Omega + \tilde{\mu} m m^{\mathrm{T}} \;\middle|\; (\tilde{\lambda}, \tilde{\mu}) \in \mathbb{KP}^1 \right\}. \tag{6.5}$$

Beachte dabei, dass $\mathcal{X}_M^{\mathrm{T}} \Omega^{\triangle} \mathcal{X}_M \sim t_1 t_2^{\mathrm{T}} + t_2 t_1^{\mathrm{T}}$.

Die Gerade m wird nun zum Mittelpunkt der dualen Kreise $\mathcal{C}^{\triangle}, \Omega^{\triangle}$. Es sind dieselben Spiegelungen, die die dualen Kreise invariant lassen. Diese Dualität zusammen mit Definition 5.1 erlaubt die konsistente Definition von Kreisen auch in den singulären Fällen:

Definition 6.2 Zwei Kegelschnitte $(\mathcal{C}, \mathcal{C}^{\triangle})$ und $(\mathcal{D}, \mathcal{D}^{\triangle})$ heißen einander Kreis, wenn es ein gemeinsames polares Paar (M, m) gibt, so dass sowohl $\{\mathcal{C}, \mathcal{D}, mm^{\mathrm{T}}\}$ als auch $\{\mathcal{C}^{\triangle}, \mathcal{D}^{\triangle}, MM^{\mathrm{T}}\}$ linear abhängig sind. M ist dann der gemeinsame Mittelpunkt und m der gemeinsame duale Mittelpunkt.

Sind $(\mathcal{C}, \mathcal{C}^\Delta)$ und $(\mathcal{D}, \mathcal{D}^\Delta)$ einander Kreis, so auch $(\mathcal{C}^\Delta, \mathcal{C})$ und $(\mathcal{D}^\Delta, \mathcal{D})$ – mit (dualem) Mittelpunkt m. Metrisch heißt das: Die Tangenten an den Kreis $(\mathcal{C}, \mathcal{C}^\Delta)$ haben bezüglich des absoluten Kegelschnittes $(\mathcal{D}, \mathcal{D}^\Delta)$ alle den gleichen Winkel zu m. In der euklidischen Ebene ist das nicht nachvollziehbar, da der duale Mittelpunkt m regulärer Kreise dort stets die Ferngerade ist und somit alle Winkel zu ihr unbestimmt sind.

Übung 6.3 Zwei Kegelschnitte $(\mathcal{C}, \mathcal{C}^\Delta)$ und $(\mathcal{D}, \mathcal{D}^\Delta)$ sind genau dann einander Kreis, wenn die Büschel $\{\lambda\mathcal{C} + \mu\mathcal{D}\}$ und $\{\tilde{\lambda}\mathcal{C}^\Delta + \tilde{\mu}\mathcal{D}^\Delta\}$ beide singulär oder zueinander dual sind, d. h., jedes Büschel die Adjunkten des jeweils anderen Büschels enthält.

Beide Büschel enthalten dann mindestens ein (im regulären Fall genau ein) Element vom Rang 1 und sind von der Form (6.5).

Übung 6.4 Sind zwei Kegelschnitte einander Kreis, d. h. erfüllen sie Definition 6.2, so liegen alle Durchmesser im Kern von MM^T. Also stimmen zu gegebenem Durchmesser (d. h. Geraden durch den Mittelpunkt M) die Pole bezüglich aller regulären Elemente des Büschels überein. Genauso liegen alle Punkte des dualen Mittelpunktes m im Kern von mm^T. Also stimmen zu gegebenem dualen Durchmesser (d. h. Punkt auf dem dualen Mittelpunkt m) die Polaren bezüglich aller regulären Elemente des Büschels überein.

Wird also ein beliebiger Kegelschnitt des Kreisbüschels (6.5) zum absoluten erklärt, so sind alle anderen Elemente des Büschels invariant unter allen Spiegelungen an beliebigen Geraden durch den gemeinsamen Mittelpunkt und an beliebigen Punkten auf ihrem gemeinsamen dualen Mittelpunkt. Das Kreisbüschel ist tatsächlich eine Schar konzentrischer Kreise entsprechend der Ausgangsbetrachtungen dieses Abschnitts. In der euklidischen Ebene liegen die Pole aller Durchmesser auf der Ferngerade und zwar jeweils im Schnittpunkt der (parallelen) Tangenten in den gegenüberliegenden Peripheriepunkten.

Definition 6.5 Zwei Kegelschnitte berühren sich, wenn es ein gemeinsames polares Paar (T, t) mit $T \in t$ gibt. Die Berührung (T, t) besteht aus Berührpunkt T und Berührtangente t.

Proposition 6.6 Zwei Kegelschnitte sind genau dann einander Kreis, wenn sie sich ausschließlich berühren, d. h. wenn jeder Schnittpunkt (auch die komplexen!) ein Berührpunkt und jede gemeinsame Tangente eine Berührtangente ist.

Beweis Ist einer der Kegelschnitte regulär, so folgt die Behauptung aus den Vorbetrachtungen. Sind beide Kegelschnitte singulär, so ist die Fallunterscheidung der Leserschaft als Übung überlassen. $\square$

Ist wenigstens einer der Kegelschnitte regulär, so gibt es (höchstens) zwei Berührungen, die wir als doppelte Schnittpunkte und doppelte gemeinsame Tangenten (von denen es mit Vielfachheit je vier gibt) auffassen können. Den Fall einer doppelten Berührung (im polaren Paar $M \in m$ des Kreisbüschels) werden wir in Abschn. 8.2 Horozyklen nennen.

Übung 6.7 Die Kreise der elliptischen und hyperbolischen Ebenen (Ω regulär) bilden reguläre Büschel der Form (6.3):

$$\left\{ \lambda\Omega + \mu \mathcal{X}_M^{\mathrm{T}} \Omega^\triangle \mathcal{X}_M \;\middle|\; (\lambda, \mu) \in \mathbb{KP}^1 \right\} \;=\; \left\{ \tilde{\lambda}\Omega + \tilde{\mu}\Omega M M^{\mathrm{T}}\Omega \;\middle|\; (\tilde{\lambda}, \tilde{\mu}) \in \mathbb{KP}^1 \right\}. \quad (6.6)$$

Singuläre Kreise sind also Tangentenpaare durch den Mittelpunkt oder Doppelgeraden mit absoluten Polen in den Schnittpunkten mit Ω.

Übung 6.8 Die regulären Kreise der euklidischen Ebene berühren den absoluten Kegelschnitt in den absoluten Polen (Übung 5.5). Die singulären Kreise der euklidischen Ebene sind Geradenpaare (einschließlich Doppelgeraden) mit Schnittpunkt (oder einem ihrer aboluten Pole) auf der Ferngeraden.

Übung 6.9 Die regulären Kreise der Minkowski-Ebene in der Standardeinbettung aus Abschn. 5.3 sind in euklidischen Augen Hyperbeln durch die absoluten Pole $(\pm 1, 1, 0)^{\mathrm{T}}$ mit horizontaler und vertikaler Symmetrieachse und diagonalen Asymptoten. Die singulären Kreise stimmen mit denen der euklidischen Ebene überein.

Übung 6.10 Die regulären Kreise der Galilei-Ebene in der Standardeinbettung aus Abschn. 5.3 sind in euklidischen Augen Parabeln durch den absoluten Pol $(1, 0, 0)^{\mathrm{T}}$ mit horizontaler Symmetrieachse. Die singulären Kreise stimmen mit denen der euklidischen Ebene überein.

Übung 6.11 Beschreibe die Kreise der dual-euklidischen und Dual-Minkowski-Geometrien als duale Kreise der euklidischen und Minkowski-Geometrien.

6.3 Umkreise, Inkreise und Ankreise

„Der Mittelpunkt des Umkreises eines Dreiecks ist der Schnittpunkt der Mittelsenkrechten. Der Mittelpunkt des Inkreises ist der Schnittpunkt der Winkelhalbierenden." Diese euklidischen Sätze gelten auch in den anderen acht Geometrien. Allerdings finden wir drei Paare von Mittelsenkrechten, die dank des Satzes 4.28 (Brianchon) ein vollständiges Viereck bilden (Übung 5.25). Das Diagonaldreieck dieses Vierecks ist das zum Ausgangsdreieck polare Dreieck. Im Euklidischen sind drei der Umkreise singulär; sie bilden Paare paralleler Geraden, und ihre Mittelpunkte liegen auf der Ferngerade.

Genauso finden wir drei Paare von Winkelhalbierenden (wie schon in der euklidischen Ebene, wenn wir auch die Ankreise zulassen), die ebenfalls ein vollständiges Viereck bilden. Dessen Diagonaldreieck ist das Ausgangsdreieck.

Umkreise sind die dualen Kreise der In- und Ankreise des dualen Dreiecks in der dualen Geometrie. Deren Mittelpunkte sind die Schnittpunkte der Winkelhalbierenden. Zurück aus der Dualität, sind die Polaren der Mittelpunkte der Umkreise die Mittellinien des Dreiecks, d. h. die Seiten des vollständigen Vierseits durch die sechs Seitenmitten. (Das Diagonaldreieck dieses Vierseits ist das Ausgangsdreieck.) Im Euklidischen ist eine dieser Mittellinien die Ferngerade und Polare des Mittelpunktes des regulären Umkreises. Die anderen drei Mittellinien sind reguläre Geraden und die dualen Mittelpunkte der singulären Umkreise: die Mittellinien der Paare paralleler Geraden (Tab. 6.1).

Bemerkung 6.12 Ist der absolute Kegelschnitt regulär, finden wir zu einem Dreieck in allgemeiner Lage vier reguläre Umkreise und vier reguläre In-/Ankreise. Diese sind reell, sofern die Ecken bzw. die Seiten vergleichbar sind, d. h. die drei Ecken sämtlich innere oder sämtlich äußere Punkte bzw. die drei Seiten sämtlich innere oder sämtlich äußere Linien sind (Abb. 6.2).

Übung 6.13 In der euklidischen Ebene hat ein Dreieck in allgemeiner Lage vier reguläre In- und Ankreise, die als Kegelschnitte zu drei gegebenen Tangenten (den Dreiecksseiten) und zwei Punkten (den absoluten Polen der Geometrie) entstehen. Der reguläre Umkreis ist der eindeutige Kegelschnitt durch fünf Punkte (die Ecken des Dreiecks und die absoluten Pole). Die drei singulären Umkreise werden jeweils durch eine Seite und ihre Parallele durch die gegenüberliegende Ecke gebildet.

Übung 6.14 In der dual-euklidischen Ebene hat ein Dreieck in allgemeiner Lage vier reguläre Umkreise, die als Kegelschnitte zu drei gegebenen Punkten (den Ecken des Dreiecks) und zwei Tangenten (den konjugiert komplexen Geraden, in die der absolute Kegelschnitt zerfällt) entstehen. Der reguläre Inkreis ist der eindeutige Kegelschnitt zu fünf Tangenten (den Dreiecksseiten und den Geraden des absoluten Kegelschnittes). Die

Tab. 6.1 In-, Um- und Ankreise von Dreiecken

Absoluter Kegelschnitt	$(\Omega, \Omega^{\triangle})$	$(\Omega^{\triangle}, \Omega)$
3 Eckpunkte	A_1, A_2, A_3	a_1, a_2, a_3
3 Seiten	a_1, a_2, a_3	A_1, A_2, A_3
3 Paare von Seitenmitten	$M_{1\pm}, M_{2\pm}, M_{3\pm}$	$w_{1\pm}, w_{2\pm}, w_{3\pm}$
3 Paare von Winkelhalbierenden	$w_{1\pm}, w_{2\pm}, w_{3\pm}$	$M_{1\pm}, M_{2\pm}, M_{3\pm}$
3 Paare von Mittelsenkrechten	$m_{1\pm}, m_{2\pm}, m_{3\pm}$	$W_{1\pm}, W_{2\pm}, W_{3\pm}$
3 Paare von Orthopolen	$W_{1\pm}, W_{2\pm}, W_{3\pm}$	$m_{1\pm}, m_{2\pm}, m_{3\pm}$
4 Umkreismitten	$m_{1\pm} \times m_{2\pm} \in m_{3\pm}$	$W_{1\pm} \times W_{2\pm} \ni W_{3\pm}$
4 Mittellinien/Polaren der Umkreismitten	$M_{1\pm} \times M_{2\pm} \ni M_{3\pm}$	$w_{1\pm} \times w_{2\pm} \in w_{3\pm}$
4 In-/Ankreismitten	$w_{1\pm} \times w_{2\pm} \in w_{3\pm}$	$M_{1\pm} \times M_{2\pm} \ni M_{3\pm}$
4 Polaren der In-/Ankreismitten	$W_{1\pm} \times W_{2\pm} \ni W_{3\pm}$	$m_{1\pm} \times m_{2\pm} \in m_{3\pm}$

$$
\begin{aligned}
a_\ell \;&\sim\; A_{\ell+1} \times A_{\ell+2}, \\
M_{\ell\pm} \;&\sim\; \sqrt{\Omega[A_{\ell+2}]}A_{\ell+1} \pm \sqrt{\Omega[A_{\ell+1}]}A_{\ell+2}, \\
w_{\ell\pm} \;&\sim\; \sqrt{\Omega^{\triangle}[a_{\ell+2}]}a_{\ell+1} \pm \sqrt{\Omega^{\triangle}[a_{\ell+1}]}a_{\ell+2}, \\
m_{\ell\pm} \;&\sim\; \Omega^{\triangle}a_\ell \times M_{\ell\pm}, \\
W_{\ell\pm} \;&\sim\; \Omega A_\ell \times w_{\ell\pm} \;\sim\; \Omega(A_\ell \times \Omega^{\triangle}w_{\ell\pm}).
\end{aligned}
$$

Umkreise eines Dreiecks in der Lobačevskij-Geometrie. Die Metrik/Geometrie kann geändert werden.

www.stefan-liebscher.de/geometry?preset=circles03&metric=lobachevskian

In- und Ankreise eines Dreiecks in der Lobačevskij-Geometrie. Die Metrik/Geometrie kann geändert werden.

www.stefan-liebscher.de/geometry?preset=circles30&metric=lobachevskian

Abb. 6.2 In-, Um- und Ankreise von Dreiecken

drei singulären Ankreise sind die Doppelgeraden durch den absoluten Pol der Geometrie mit absoluten Polen in einer Ecke und im Schnitt mit der gegenüberliegenden Seite des Dreiecks.

Übung 6.15 In-, An- und Umkreise in den Minkowski- und Dual-Minkowski-Ebenen entsprechen denen der euklidischen und dual-euklidischen Ebenen. Die In-/Ankreise der Minkowski-Ebene bzw. die Umkreise der Dual-Minkowski-Ebene sind genau dann reell, wenn die Dreiecksseiten bzw. die Dreiecksecken vergleichbar sind, d. h. nicht durch den absoluten Kegelschnitt getrennt werden.

Übung 6.16 In der Galilei-Ebene hat ein Dreieck in allgemeiner Lage einen regulären Umkreis als eindeutigen(!) Kegelschnitt durch vier Punkte (die Ecken des Dreiecks und den absoluten Pol der Geometrie) und mit einer Tangente in einem der vorgegebenen Punkte (der absoluten Polaren der Geometrie). Genauso gibt es einen regulären Inkreis als eindeutigen Kegelschnitt zu vier Tangenten (den drei Dreieckesseiten und der absoluten Polaren) und einem Berührpunkt (dem absoluten Pol). Die drei singulären Umkreise entsprechen denen der euklidischen und Minkowski-Geometrien. Die drei singulären Ankreise entsprechen denen der dual-euklidischen und Dual-Minkowski-Geometrien.

6.4 Peripheriewinkel

Die Kurve der Punkte P, die eine feste Strecke AB unter einem festen Winkel „sehen", ist gegeben durch

$$\mathrm{ang}_{(\Omega,\Omega^\triangle)}(A \times P, B \times P) = \mathrm{ang}_{(\Omega,\Omega^\triangle)}(A \times C, B \times C). \tag{6.7}$$

Hierbei ist C ein ebenfalls vorgegebener Punkt, der den Winkel festlegt. Verwenden wir stattdessen die Invarianten (5.11), so erhalten wir

$$[ABP]^2 \, \Omega[P] \, \Omega^\triangle[A \times C] \, \Omega^\triangle[B \times C] \;=\; [ABC]^2 \, \Omega[C] \, \Omega^\triangle[A \times P] \, \Omega^\triangle[B \times P]. \tag{6.8}$$

Dies ist eine Kurve vierter Ordnung. Das sollte nicht überraschen, denn auch in der euklidischen Ebene ist die Kurve fester Peripheriewinkel (unter Identifikation von Nebenwinkeln) die Vereinigung des Kreises durch ABC und seines Spiegelbildes an AB.

Satz 6.17 (Thales-Kegelschnitt) *Liege weder A noch B im Kern von Ω. Dann bilden die Fußpunkte der Lote aus B auf ein Geradenbüschel durch A (in jeder unserer Geometrien) einen Kegelschnitt, der in den singulären Geometrien ein Kreis ist.*

Beweis Orthogonalität ist durch die Polarität zu Ω gegeben. Die Fußpunkte P der Lote bilden daher die Menge

$$\left\{ P \;\middle|\; (A \times P)^{\mathrm{T}} \Omega^\triangle (B \times P) = 0 \right\} \;=\; \{ P \mid \det[\Omega A, \Omega P, B \times P] = 0 \}.$$

Dies ist der Kegelschnitt

$$\mathcal{X}_A^{\mathrm{T}} \Omega^\triangle \mathcal{X}_B \;\sim\; (A^{\mathrm{T}} \Omega B)\Omega - \Omega A B^{\mathrm{T}} \Omega.$$

Er geht durch A und B und schneidet Ω in den vier Berührpunkten der Tangenten durch A und B an den absoluten Kegelschnitt. In der Tat sehen alle anderen Punkte von Ω die Strecke AB unter dem Winkel null (Proposition 5.11). Der Kegelschnitt ist genau dann ein Kreis, wenn die vier Schnittpunkte mit Ω in zwei Berührpunkten zusammenfallen, d. h. wenn P und Q auf Ω liegen, oder Ω singulär ist. $\qquad\square$

In den regulären Geometrien ist AB die einzige Sehne des Thales-Kegelschnittes, für die die Aussage des Satzes gilt. Je vier Punkte auf dem absoluten Kegelschnitt definieren drei Thales-Kegelschnitte zu den Diagonalpunktpaaren des Tangentenvierseits.

Proposition 6.18 Sei der absolute Kegelschnitt Ω keine Doppelgerade, d. h., wir betrachten alles außer euklidischer, Galilei- und Minkowski-Geometrie. Besitzt ein Kegelschnitt $\mathcal{C}$ eine Sehne AB (weder A noch B im Kern von Ω), die entlang $\mathcal{C}$ unter einem festen, nicht verschwindenden Peripheriewinkel erscheint, so ist C der Thales-Kegelschnitt zur Sehne AB.

Beweis Wie in der Argumentation zuvor kann $\mathcal{C}$ den absoluten Kegelschnitt nur in Berührpunkten der Tangenten durch A, B schneiden, diese definieren aber den Thales-Kegelschnitt. Dies gilt auch, wenn der (singuläre) absolute Kegelschnitt in zwei verschiedene Geraden zerfällt: $\mathcal{C}$ darf diese nur im absoluten Pol schneiden, ist also selbst ein Geradenpaar, das sich im absoluten Pol schneidet, d. h. ein Thales-Kreis. $\qquad\square$

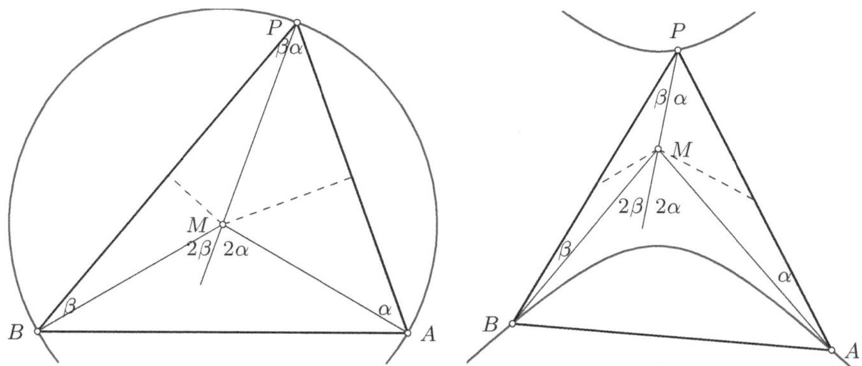

Abb. 6.3 Peripheriewinkelsatz in der euklidischen und der Minkowski-Ebene

Satz 6.19 (Peripheriewinkel) *Sei der absolute Kegelschnitt eine Doppelgerade, d. h., wir betrachten die euklidische, Galilei- oder Minkowski-Ebene. Dann erscheint jede Sehne jeden regulären Kreises (d. h. kein Geradenpaar) entlang des Kreises unter einem konstanten Winkel (wenn Nebenwinkel identifiziert werden).*

Beweis Der Satz wird in der Minkowski-Ebene genauso wie in der euklidischen Ebene bewiesen und benötigt den (nachfolgenden) Außenwinkelsatz 6.21.

In Abb. 6.3 sehen wir die Lote aus dem Mittelpunkt M auf die Sehnen, sowohl in der euklidischen Ebene (links) als auch in der Minkowski-Ebene (rechts). Die Mittelpunktseigenschaft macht die Lote zu Mittelsenkrechten der Sehen. Die Spiegelung an den Loten zeigt die Gleichheit der Winkel $\alpha = \alpha$ und $\beta = \beta$. Aufgrund des Außenwinkelsatzes ist der Mittelpunktswinkel also der doppelte Peripheriewinkel. Letzterer hängt daher nur von der Sehne, aber nicht vom Peripheriepunkt ab.

In der Galilei-Ebene schlägt die Argumentation fehl, da der Winkel im Mittelpunkt (dem absoluten Pol) unbestimmt ist. Wir können aber die Galilei-Ebene (und ihr parabolisches Winkelmaß) als Grenzwert der euklidischen und Minkowski-Ebenen mit der in Abschn. 5.4 besprochenen Skalierung auffassen. $\qquad\square$

Übung 6.20 Betrachte die Galilei-Ebene in der Standardeinbettung aus Tab. 5.1, d. h. $(\Omega, \Omega^\triangle) = (\,\mathrm{diag}\,(0,0,1),\mathrm{diag}\,(1,0,0))$ mit den Abstands- und Winkelmaßen

$$\mathrm{dist}\big((x_1,y_1,1)^\mathrm{T},(x_2,y_2,1)^\mathrm{T}\big) \;=\; |y_1-y_2|,$$
$$\mathrm{ang}\big((1,y_1,z_1)^\mathrm{T},(1,y_2,z_2)^\mathrm{T}\big) \;=\; |y_2-y_1|$$

für endliche Punkte und nicht durch den absoluten Pol verlaufende Geraden. Ein regulärer Kreis ist aufgrund der Ähnlichkeitsabbildungen der Galilei-Ebene o.B.d.A. die Kurve $\big\{\,(y^2,y,1) \mid y \in \mathbb{R}\,\big\}$. Zeige, dass der Peripheriewinkel über einer Sehne AB konstant ist, genauer

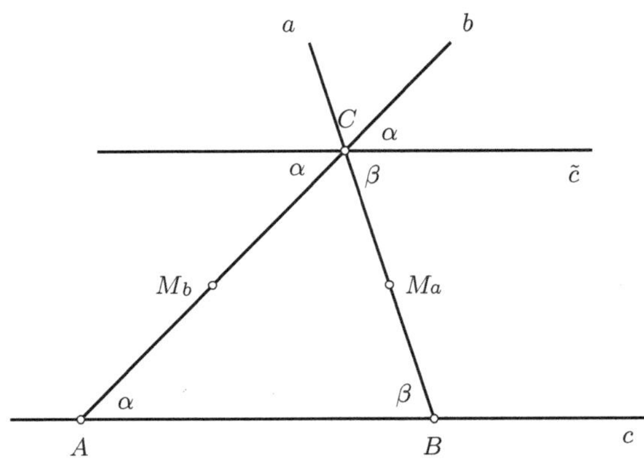

Abb. 6.4 Wechsel- und Außenwinkelsatz in den flachen Geometrien

$$\mathrm{ang}(A \times P, B \times P) \;\equiv\; |y_A - y_B|$$

für $A = (y_A^2, y_A, 1)^{\mathrm{T}}$, $B = (y_B^2, y_B, 1)^{\mathrm{T}}$ und $P = (y_P^2, y_P, 1)^{\mathrm{T}}$.

Lemma 6.21 (Außenwinkelsatz) Sei der absolute Kegelschnitt eine Doppelgerade, d. h., wir betrachten die euklidische, Galilei- oder Minkowski-Ebene. Dann ist in jedem Dreieck (dessen Ecken nicht in einem absoluten Pol liegen) jeder Außenwinkel die Zusammensetzung (Summe) der gegenüberliegenden Innenwinkel.

Beweis In Abb. 6.4 bilden beide Spiegelungen an den Mittelpunkten M_a, M_b der Schenkel die Grundlinie c auf die (parallele) Gerade $\tilde{c} \sim C \times (c \cap \Omega)$ ab. Gleichzeitig werden die jeweiligen Wechselwinkel aufeinander abgebildet, sind also gleich. Die Bilder der beiden Innenwinkel α, β setzen sich gerade zum Außenwinkel zusammen, wenn α nochmal an C gespiegelt wird. $\qquad\square$

Übung 6.22 Zeige den Außenwinkelsatz noch für den Fall, dass eine Ecke auf der Ferngeraden (aber nicht in einem Pol) liegt.

Übung 6.23 In den elliptischen und Beltrami-Klein-Geometrien schlägt der Beweis fehl, da die Spiegelbilder von c verschieden sind. Elliptisch sind Pol und Polare gleichläufig: Bewegt man den Pol entlang einer Geraden g, so bewegt sich der Schnitt der Polaren mit g in die gleiche Richtung. Hyperbolisch sind Pol und Polare gegenläufig, Insbesondere treffen sie sich in den (reellen) Punkten des absoluten Kegelschnittes. Folgere daraus, dass der Außenwinkel in der elliptischen Geometrie kleiner und in der Beltrami-Klein-Geometrie größer als die Zusammensetzung der gegenüberliegenden Innenwinkel ist.

Der Außenwinkelsatz ist Ausdruck fehlender Krümmung. Ist der Außenwinkel kleiner als die Zusammensetzung der gegenüberliegenden Innenwinkel, so ist der Raum positiv gekrümmt. Ist er größer, so ist der Raum negativ gekrümmt. Dies ist auch eng verwandt mit

Tab. 6.2 Klassifikation der Geometrien durch ihre metrischen Ungleichungen

Die Abstände von Punkten sind	Im Vergleich mit der Zusammensetzung der gegenüberliegenden Innenwinkel ist der Außenwinkel		
	kleiner, keine Parallelen, positiv gekrümmt	gleichgroß, eine Parallele, flach	größer, viele Parallelen, negativ gekrümmt
entlang von Umwegen länger, nicht null	Elliptisch	Euklidisch	Lobačevskij, Beltrami-Klein
entlang von Umwegen gleich, in einer Richtung null	Dual-euklidisch	Galilei	Dual-Minkowski
entlang von Umwegen kürzer, in zwei Richtungen null	Anti-de-Sitter	Minkowski	De-Sitter

dem Parallelenaxiom. In positiv gekrümmten Räumen gibt es keine Parallelen, d. h., alle Geraden durch einen festen Punkt schneiden eine feste Gerade in endlicher Entfernung. In ungekrümmten Räumen gibt es zu jedem Punkt (außerhalb der Geraden) genau eine Gerade, die erst im Unendlichen (auf dem absoluten Kegelschnitt) schneidet. In negativ gekrümmten Räumen gibt es zwei verschiedene Geraden, die die Ausgangsgerade auf dem absoluten Kegelschnitt schneiden, und viele Geraden, die erst jenseits schneiden.

Dual zur Winkelbilanz ist die Abstandsbilanz in Dreiecken. In der euklidischen Geometrie sind Umwege länger, in der Minkowski-Geometrie kürzer (Zeitdilatation). In der Galilei-Geometrie sind sie gleich (klassische Addition von Geschwindigkeiten und absolute Gleichzeitigkeit). Wir finden eine weitere Charakterisierung der neun Geometrien in Tab. 6.2.

Bei elliptischer Winkelmessung, d. h. in der ersten Zeile der Tabelle, können wir die Innenwinkel auch summieren: Die Ebene ist positiv/nicht/negativ gekrümmt, falls die Summe der Innenwinkel eines Dreiecks größer als/gleich/kleiner als π ist. Bei parabolischer oder hyperbolischer Winkelmessung, d. h. in den anderen beiden Zeilen, würde diese Formulierung aber keinen Sinn machen.

Übersicht

Brennpunkte kennen wir von Parabolspiegeln. Auch die Gärtnerkonstruktion der Ellipse mittels eines an zwei Pflöcken befestigten Seiles gehört zum Allgemeinwissen.

In unseren durch den absoluten Kegelschnitt bestimmten Geometrien entstehen die Brennpunkte als Schnittpunkte gemeinsamer Tangenten. Genau wie die Kreiseigenschaft im vorhergehenden Kap. 6 werden Brennpunkte Kegelschnittpaaren zugeordnet. Die bekannten (und weniger bekannten) Eigenschaften der Brennpunkte euklidischer Ellipsen übertragen sich.

Dual zum vollständigen Vierseit gemeinsamer Tangenten mit den Brennpunkten als Ecken finden wir das vollständige Viereck gemeinsamer Schnittpunkte und nennen dessen Seiten Brennlinien, um die Dualität zu den Brennpunkten zu unterstreichen. Beiden gemein ist das selbstduale Diagonaldreieck, das eine Klassifizierung der Kegelschnittbüschel ermöglicht.

7.1   Die euklidische Ellipse

Die Ellipse der euklidischen Ebene (in achsenparalleler Lage, mit Halbachsen a und $b = \sqrt{a^2 - f^2} < a$, Abb. 7.1) ist der Kegelschnitt

$$1 = \frac{x^2}{a^2} + \frac{y^2}{a^2 - f^2}.$$

© Springer-Verlag GmbH Deutschland 2017
S. Liebscher, *Projektive Geometrie der Ebene*, Springer-Lehrbuch Masterclass,
https://doi.org/10.1007/978-3-662-54080-0_7

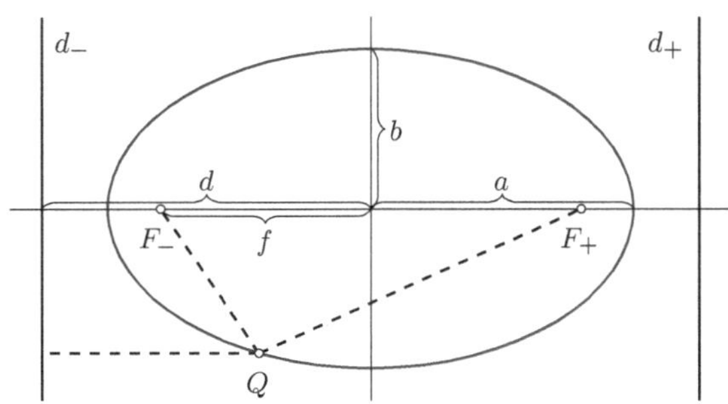

Abb. 7.1 Die Euklidische Ellipse

Die Punkte Q der Ellipse gesitzen eine feste Abstandssumme $2a$ zu den Brennpunkten $F_\pm = (\pm f, 0)^{\mathrm{T}}$:

$$2a = \mathrm{dist}(Q, F_-) + \mathrm{dist}(Q, F_+) = \sqrt{(x+f)^2 + y^2} + \sqrt{(x-f)^2 + y^2}. \qquad (7.1)$$

Es ist auch der Kegelschnitt mit festem Abstandsverhältnis $e = f/a = \sqrt{1 - b^2/a^2} < 1$ zu einem Brennpunkt $F_\pm$ und seiner Direktrix (Leitlinie) $d_\pm = \{y = \pm d\}$, $d = \pm a^2/f$:

$$f/a = e = \frac{\mathrm{dist}(Q, F_\pm)}{\mathrm{dist}(Q, d_\pm)} = \frac{\sqrt{(x \mp f)^2 + y^2}}{|x - a^2/f|}.$$

Entsprechend hat eine Hyperbel eine konstante Abstandsdifferenz und eine Exzentrizität $e > 1$. Im Grenzfall der Parabel, $e = 1$, hat jeder Punkt die gleichen Abstände zu Brennpunkt und Direktrix.

Übung 7.1 Die Direktrix ist die Polare des Brennpunktes an die Ellipse/Hyperbel/Parabel.

Eine kleine geometrische Infinitesimalbetrachtung zeigt, dass Strahlen aus einem Brennpunkt in der Ellipse in den anderen Brennpunkt reflektiert werden, die Brennpunkte ihren Namen also zu Recht besitzen. In Abb. 7.2 seien Q, R infinitesimal benachbart, d. h., QR ist ein Stück der Tangente. Die Strahlen aus $F_\pm$ treffen sich in A, B. Fällt man von Q die Lote, dann gilt wegen der Gärtnerregel $GR = HR$, also QRG, QRH kongruent, insbesondere $QG = QH$. Somit ist $QARB$ ein Rhombus, AB eine Symmetrieachse, und die Winkel bei Q und R sind gleich: Einfall- gleich Ausfallwinkel.

Übung 7.2 Zeige durch Diffenzieren der Gärtnerregel (7.1), dass in der Tangente in Q an die Ellipse die Sehnen durch die Brennpunkte ineinander gespiegelt werden.

Die Spiegelbilder eines Brennpunktes an der Ellipse formen also einen Kreis mit Radius $2a$ um den anderen Brennpunkt. Entsprechendes gilt für die Hyperbel. Im Grenzfall

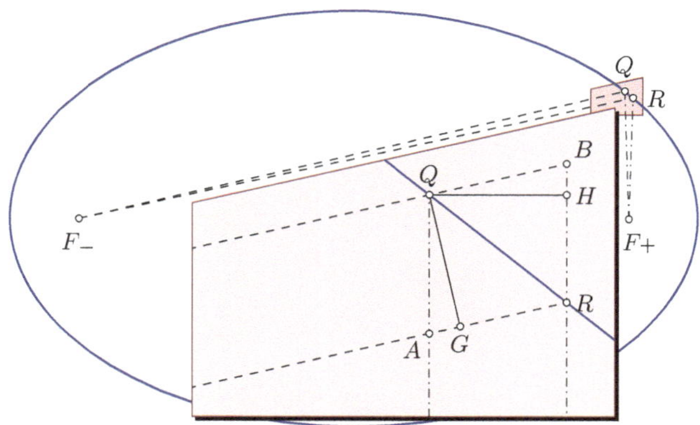

Abb. 7.2 Infinitesimalbetrachtung der Gärtnerregel

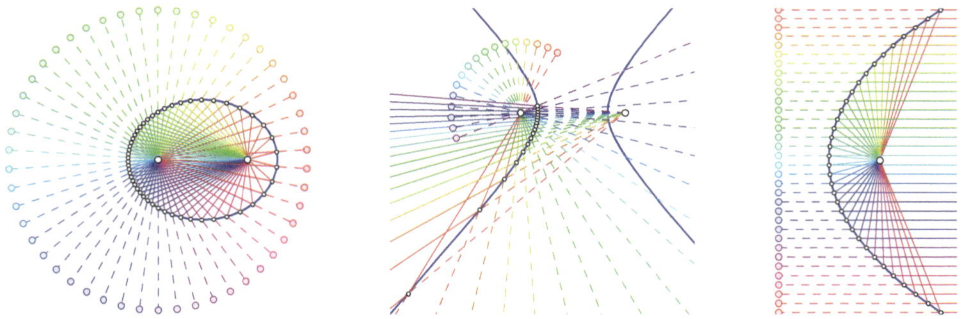

Abb. 7.3 Spiegelung eines Brennpunktes im Kegelschnitt

der Parabel werden achsenparallele Strahlen in den Brennpunkt gespiegelt, und die Spiegelbilder des Brennpunktes liegen auf der Direktrix (Abb. 7.3).

Mit den Brennpunkten ist auch noch eine Orthogonalitätseigenschaft verbunden. Schneidet, wie in Abb. 7.4, eine Sehne durch den Brennpunkt F_- die Ellipse in Q_1, Q_2, so schneiden sich die Tangenten im Pol P der Sehne. Die Spiegelbilder F_1, F_2 des anderen Brennpunktes in den Tangenten liegen auf der Sehne. Diese beiden Punkte liegen gleich weit vom Pol P und gleich weit vom Brennpunkt F_-. Deshalb liegt P auf dem in F_- auf die Sehne errichteten Lot.

Satz 7.3 *Zusammengefasst gilt für Ellipsen, Hyperbeln (und Parabeln mit dem zweiten Brennpunkt auf der Ferngeraden) (Abb. 7.5):*

   (i) Die Summe (Ellipsen) bzw. Differenz (Hyperbeln) der Abstände zu den Brennpunkten ist konstant.

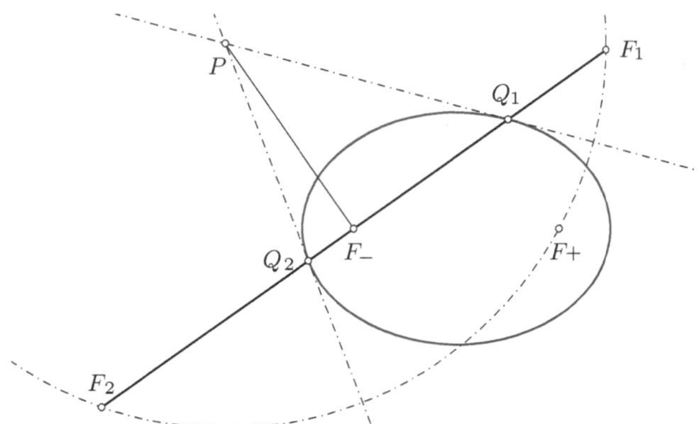

Abb. 7.4 Pol einer Brennpunktsehne

Die Gärtnerregel der Ellipse in der euklidischen Geometrie. Die
Metrik/Geometrie kann geändert werden.

www.stefan-liebscher.de/geometry?preset=gardener&metric=euklidean

Abb. 7.5 Die Gärtnerregel der Ellipse

(ii) *Das Verhältnis der Abstände zu Brennpunkt und Direktrix (der Polaren des Brenn-*
punktes bezüglich des Kegelschnittes) ist konstant. (Dabei wird der Abstand zur
Direktrix entlang des Lotes auf die Direktrix gemessen.)

(iii) *Jeder Strahl aus einem Brennpunkt wird in der Tangente im getroffenen*
Punkt des Kegelschnittes in eine Gerade durch den anderen Brennpunkt
gespiegelt.

(iv) *Der Pol einer Sehne durch einen Brennpunkt liegt auf dem im Brennpunkt errichteten*
Lot.

(v) *Die Spiegelbilder eines Brennpunktes im Tangentenbündel des Kegelschnittes bilden*
einen Kreis um den anderen Brennpunkt.

7.2 Brennpunkte, Brennlinien und das Diagonaldreieck

Die Metrik wird durch den absoluten Kegelschnitt definiert. Wir wollen daher Brenn-
punkte durch ein Paar von Kegelschnitten $(\mathcal{C}, \mathcal{C}^{\triangle}), (\Omega, \Omega^{\triangle})$ definieren, sodass Satz 7.3
gültig bleibt. Die Orthogonalitätsaussage (iv) bedeutet, dass die Pole (bezüglich bei-
der Kegelschnitte) jeder Sehne durch einen Brennpunkt kollinear zu diesem Brennpunkt liegen. Dies muss dann auch für die Tangenten durch den Brennpunkt an
einen der Kegelschnitte gelten: Die entsprechende Sehne wird zu einer **gemeinsamen**
Tangente.

Definition 7.4 Die Brennpunkte zweier Kegelschnitte sind die drei Punktpaare (d. h. die dualen Geradenpaare), in die die singulären Elemente des Büschels $\{\lambda C^{\triangle} + \mu \Omega^{\triangle}\}$ (der dualen Matrizen) zerfallen. Dual dazu sind die Brennlinien zweier Kegelschnitte die drei Geradenpaare, in die die singulären Elemente des Büschels $\{\lambda C + \mu \Omega\}$ zerfallen.

Brennpunkte und Brennlinien sind wohldefiniert, sofern das jeweilige Büschel regulär ist. Für Kegelschnitte in allgemeiner Lage bilden die gemeinsamen Tangenten ein vollständiges Vierseit, dessen Eckpunktpaare die Brennpunktpaare sind. Genauso bilden die gemeinsamen Schnittpunkte ein vollständiges Viereck, dessen Seitenpaare die Brennlinienpaare sind.

In nichttrivialen Büscheln können wir die dualen Matrizen der Elemente mit Rang 1 durch stetige Fortsetzung der dualen Matrizen entlang des Büschels gewinnen. Wir bezeichnen dann auch die (stetigen) Familien

$$
\begin{aligned}
\left\langle C, D \right\rangle &:= \left\{ (G, G^{\triangle}) \mid G = \lambda C + \mu D, \ (\lambda, \mu) \in \mathbb{K}\mathrm{P}^1 \right\}, \\
\left\langle C^{\triangle}, D^{\triangle} \right\rangle^{\triangle} &:= \left\{ (G, G^{\triangle}) \mid G^{\triangle} = \lambda C^{\triangle} + \mu D^{\triangle}, \ (\lambda, \mu) \in \mathbb{K}\mathrm{P}^1 \right\}
\end{aligned}
\tag{7.2}
$$

als Büschel und duales Büschel von $(C, C^{\triangle})$ und $(D, D^{\triangle})$. Man beachte, dass für D mit Rang 1 (und „falscher" dualer Matrix $D^{\triangle}$) eventuell $(D, D^{\triangle}) \notin \langle C, D \rangle$. In allgemeiner Lage bilden die Brennlinienpaare die singulären Elemente von $\langle C, D \rangle$, während die Brennpunktpaare die absoluten Pole der singulären Elemente von $\langle C^{\triangle}, D^{\triangle} \rangle^{\triangle}$ darstellen.

Lemma 7.5 Die Eckpunkte jeden selbstpolaren Dreiecks eines regulären Büschels $\{\lambda C + \mu D\}$ sind Eigenvektoren jeder Matrix $\tilde{D}^{-1}\tilde{C}$ zu beliebigen verschiedenen regulären Elementen des Büschels.

Beweis Sind C und D beliebige reguläre Vertreter und P_1, P_2, P_3 bezüglich beider selbstpolar, dann ist $C P_k \sim P_\ell \times P_m \sim D P_k$, also $D^{-1} C P_\ell \sim P_\ell$, für alle ℓ. Somit sind die Eckpunkte P_ℓ Eigenvektoren von $D^{-1} C$. Diese stimmen mit den Eigenvektoren von $C^{-1} D$ und von $D^{-1}(\lambda C + \mu D)$ überein. Also stimmen sie auch mit den Eigenvektoren jeder Matrix $\tilde{D}^{-1}\tilde{C}$ zu verschiedenen regulären Elementen des Büschels überein. $\square$

Satz 7.6 *Sind C und D reguläre Kegelschnitte in allgemeiner Lage, dann stimmen das Diagonaldreieck des Schnittpunktvierecks und das Diagonaldreiseit des Tangentenvierseits überein. Seine Ecken sind die Eigenvektoren von $D^{-1} C$, seine Seiten die Eigenvektoren von $D C^{-1}$. Dieses Dreieck ist außerdem das eindeutige zu beiden Kegelschnitten selbstpolare Dreieck (Abb. 7.6).*

Beweis Allgemeine Lage bedeutet hier, dass die Kegelschnitte vier paarweise verschiedene Schnittpunkte $S_1, \ldots, S_4$ und vier paarweise verschiedene gemeinsame Tangenten $t_1, \ldots, t_4$ besitzen. Aufgrund von Proposition 5.22 sind sowohl das Diagonaldreieck des Schnittpunktvierecks als auch das Diagonaldreiseit des Tangentenvierecks selbstpolar zu

Gemeinsames Tangentenvierseit, gemeinsames Schnittpunktviereck
und Diagonaldreieck

www.stefan-liebscher.de/geometry?preset=foci&metric=elliptic

Abb. 7.6 Diagonaldreieck eines Kegelschnittpaares

beiden Kegelschnitten. Dank der allgemeinen Lage sind beide Dreiecke regulär und wegen
Lemma 7.5 identisch mit Ecken und Seiten in den Eigenvektoren von $\mathcal{D}^{-1}\mathcal{C}$ bzw. $\mathcal{D}\mathcal{C}^{-1}$.
Die Eindeutigkeit des zu beiden Kegelschnitten selbstpolaren Dreiecks folgt ebenfalls aus
Lemma 7.5.

Alternativ kann die Gleichheit von Diagonaldreieck und Diagonaldreiseit auch ohne
Lemma 7.5 gesehen werden: Die durch Ecke und gegenüberliegende Seite des Diagonaldreiecks definierte Spiegelung lässt beide Kegelschnitte invariant, also werden die
gemeinsamen Tangenten paarweise vertauscht. (Aufgrund der allgemeinen Lage kann
keine invariant sein.) Jede der drei Diagonallinien des Tangentenvierseits ist dann aber
invariant, geht also durch das Spiegelungszentrum oder ist die Spiegelungsgerade. Daher
sind die Diagonallinien die Seiten des Diagonaldreiecks.   □

Das Diagonaldreieck ist also selbstdual und selbstpolar. Sind $\mathcal{C}, \mathcal{D}$ regulär und in allgemeiner Lage, so stimmt ihr Diagonaldreieck mit den Diagonaldreiecken beliebiger
(regulärer) Paare des Büschels $\langle \mathcal{C}, \mathcal{D} \rangle$ und des dualen Büschels $\langle \mathcal{C}^{\triangle}, \mathcal{D}^{\triangle} \rangle^{\triangle}$ überein. Wir
können nun Paare (bzw. Büschel und duale Büschel) von Kegelschnitten anhand ih-
rer Diagonaldreiecke klassifizieren. In Tab. 7.1 sind beispielhafte Vertreter und ihre
Nachbarschaftsrelationen dargestellt (vgl. auch Abb. 7.7).

Allgemeine Lage

$\mathcal{D}^{-1}\mathcal{C}$ hat drei verschiedene Eigenvektoren. Das eindeutige Diagonaldreieck ist regulär.
Das Büschel hat vier verschiedene gemeinsame Punkte und drei verschiedene singuläre
Elemente mit Rang 2. Das duale Büschel hat vier verschiedene gemeinsame Tangenten.
Es gibt also drei Paare paarweise verschiedener Brennlinien und drei Paare paarweise
verschiedener Brennpunkte.

Parabeln

$\mathcal{D}^{-1}\mathcal{C}$ hat einen algebraisch doppelten, aber geometrisch einfachen Eigenwert. Das eindeutige Diagonaldreick ist singulär. Es hat eine doppelte Ecke im Eigenvektor zum
doppelten Eigenwert. Die Seite durch diese doppelte Ecke ist die (eindeutige) Polare
der dritten Ecke im einfachen Eigenvektor. Das Büschel hat einen doppelten und zwei
einfache gemeinsame Punkte, wobei der doppelte Punkt ein Berührpunkt ist. Das Büschel hat ein doppeltes und ein einfaches singuläres Element, beide mit Rang 2. Das

Tab. 7.1 Klassifikation von Kegelschnittbüscheln

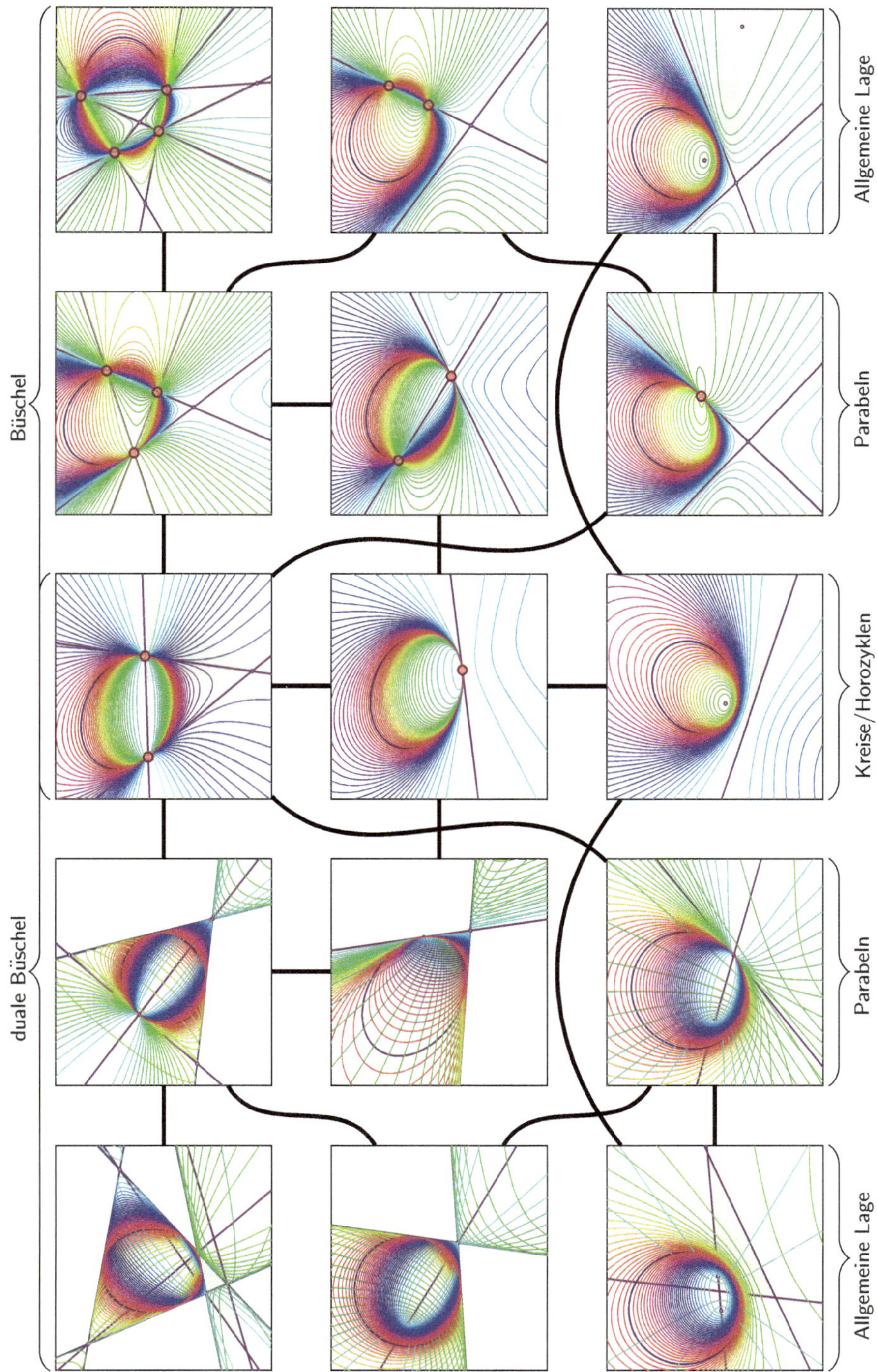

Rundkurs durch die Klassen von Kegelschnittbüscheln
www.stefan-liebscher.de/geometry?preset=animpencils&metric=elliptic&webgl

Rundkurs durch die Klassen von dualen Kegelschnittbüscheln
www.stefan-liebscher.de/geometry?preset=animdualpencils&metric=elliptic&webgl

Rundkurs Kegelschnittbüscheln
www.stefan-liebscher.de/geometry?preset=pencil&metric=elliptic&webgl

Rundkurs duale Kegelschnittbüscheln
www.stefan-liebscher.de/geometry?preset=pencildual&metric=elliptic&webgl

Kreisbüschel
www.stefan-liebscher.de/geometry?preset=pencilcircle&metric=elliptic&webgl

Büschel von Horozyklen
www.stefan-liebscher.de/geometry?preset=pencilhoro&metric=elliptic&webgl

Abb. 7.7 Klassifikation von Kegelschnittbüscheln

duale Büschel hat eine doppelte und zwei einfache gemeinsame Tangenten. Es gibt also zwei identische Paare verschiedener Brennlinien/Brennpunkte und ein Paar identischer Brennlinien/Brennpunkte.

Kubische Parabeln

$\mathcal{D}^{-1}\mathcal{C}$ hat einen algebraisch dreifachen, aber geometrisch einfachen Eigenwert. Das eindeutige Diagonaldreieck ist singulär. Es hat eine dreifache Ecke im Eigenvektor und eine dreifache Seite in deren Polaren. Das Büschel hat einen dreifachen und einen einfachen gemeinsamen Punkt, wobei der dreifache Punkt ein Berührpunkt kubischen Kontakts ist.

Das Büschel hat ein dreifaches singuläres Element mit Rang 2. Das duale Büschel hat eine dreifache und eine einfache gemeinsame Tangente. Es gibt also drei identische Paare verschiedener Brennlinien/Brennpunkte.

Kreise

$\mathcal{D}^{-1}\mathcal{C}$ hat einen algebraisch und geometrisch doppelten Eigenwert. Es gibt ein Kontinuum (eine projektive Gerade) von Diagonaldreiecken, die bis auf zwei Ausnahmen regulär sind. Ein Eckpunkt ist der Eigenvektor zum einfachen Eigenwert. Die anderen beiden Ecken liegen im Eigenraum zum doppelten Eigenwert, harmonisch zu den beiden Berührpunkten des Büschels. Das Büschel hat zwei doppelte gemeinsame Punkte, beides Berührpunkte. Es hat ein einfaches singuläres Element mit Rang 2 und ein doppeltes singuläres Element mit Rang 1 (Definition 6.2). Es ist identisch mit dem dualen Büschel. Es gibt also ein Paar verschiedener Brennlinien/Brennpunkte und zwei identische Paare identischer Brennlinien/ Brennpunkte.

Horozyklen

$\mathcal{D}^{-1}\mathcal{C}$ hat einen algebraisch dreifachen, aber geometrisch doppelten Eigenwert. Es gibt ein Kontinuum (eine projektive Gerade) von singulären Diagonaldreiecken. Zwei zusammenfallende Ecken liegen im Pol des Eigenraumes. Die Seite durch diese doppelte Ecke ist die (eindeutige) Polare der dritten Ecke, die ein beliebiger Eigenvektor ist. Das Büschel hat einen vierfachen gemeinsamen Punkt und ein dreifaches singuläres Element mit Rang 1. Es ist identisch mit dem dualen Büschel. Es gibt also drei identische Paare identischer Brennlinien/Brennpunkte.

Beachte, dass diese Klassifikation zunächst für Paare regulärer Kegelschnitte und reguläre Büschel gilt. Enthält das Paar einen singulären Kegelschnitt, kann zu regulären Vertretern des Büschels gewechselt werden. Alternativ kann die duale Matrix $D^{\triangle}$ anstelle der Inversen benutzt werden; diese muss dann aber die stetige Fortsetzung der dualen Matrizen des Büschels sein. In Definition 6.2 von Kreisen wurde diese Einschränkung direkt als Bedingung an das duale Büschel formuliert.

7.3 Büschel konfokaler Kegelschnitte

Wir wollen nun Satz 7.3 im allgemeinen Kontext zeigen. Wir beginnen mit der Orthogonalitätseigenschaft (iv):

Proposition 7.7 Ist g eine beliebige Sehne durch einen Brennpunkt F eines regulären dualen Büschels $\langle \mathcal{C}^{\triangle}, \mathcal{D}^{\triangle} \rangle^{\triangle}$ von Kegelschnitten, so sind alle Pole $(\lambda \mathcal{C}^{\triangle} + \mu \mathcal{D}^{\triangle})g$ von g bezüglich der Elemente des dualen Büschels kollinear. Genauer liegen sie auf einer Geraden h durch den Brennpunkt F, sodass g, h harmonisch zu den beiden gemeinsamen Tangenten des Büschels durch F liegen.

Duale Formulierung: Ist P ein beliebiger Punkt auf einer Brennlinie f eines regulären Büschels $\langle \mathcal{C}, \mathcal{D} \rangle$ von Kegelschnitten, so sind alle Polaren $(\lambda \mathcal{C} + \mu \mathcal{D})P$ von P bezüglich der Elemente des Büschels konkurrent. Genauer gehen sie durch einen Punkt Q auf der Brennlinie f, sodass P, Q harmonisch zu den beiden gemeinsamen Punkten des Büschels auf f liegen.

Beweis Wir betrachten den Satz in seiner dualen Formulierung für ein Büschel in allgemeiner Lage. Satz 4.16 liefert die harmonische Lage und somit den gemeinsamen Schnittpunkt. Ist das reguläre Büschel nicht in allgemeiner Lage, so folgt die Behauptung durch einen regulären Grenzübergang. $\qquad\qquad\square$

Wenden wir uns nun der Spiegelungseigenschaft (iii) aus Satz 7.3 zu:

Proposition 7.8 Sei g eine beliebige (nichttangentiale) Sehne durch einen Brennpunkt F eines regulären dualen Büschels $\langle \mathcal{C}^\triangle, \mathcal{D}^\triangle \rangle^\triangle$ von Kegelschnitten. Sei $Q = g \cap \mathcal{E}$ der Schnittpunkt von g mit einem beliebigen regulären Kegelschnitt $\mathcal{E}$ des Büschels und $t = \mathcal{E}Q$ die Tangente an $\mathcal{E}$ in Q. Sei nun (T, t) ein polares Paar zu einem beliebigen anderen Kegelschnitt $(\Omega, \Omega^\triangle)$ des Büschels. Dann bildet die durch (T, t) definierte projektive Involution (d. h. die Spiegelung an t bezüglich $(\Omega, \Omega^\triangle)$) die Sehne g auf eine Gerade $\tilde{g}$ durch den gegenüberliegenden Brennpunkt $\tilde{F}$ ab.

Duale Formulierung: Sei Q ein beliebiger (nicht gemeinsamer) Punkt auf einer Brennlinie f eines regulären Büschels $\langle \mathcal{C}, \mathcal{D} \rangle$ von Kegelschnitten. Sei g die Tangente von Q an einen beliebigen regulären Kegelschnitt $\mathcal{E}$ des Büschels und $T = \mathcal{E}g$ der Berührpunkt dieser Tangente mit $\mathcal{E}$. Sei nun (T, t) ein polares Paar zu einem beliebigen anderen Kegelschnitt $(\Omega, \Omega^\triangle)$ des Büschels. Dann bildet die durch (T, t) definierte projektive Involution (d. h. die Spiegelung an T bezüglich $(\Omega, \Omega^\triangle)$) den Punkt Q in einen Punkt $\tilde{Q}$ auf der gegenüberliegenden Brennlinie $\tilde{f}$ ab.

Beweis Wir betrachten den Satz wieder in seiner dualen Formulierung für ein Büschel in allgemeiner Lage. Aufgrund des Satzes 4.22 induziert das Büschel eine projektive Involution auf der Tangente g. Diese stimmt mit der durch (T, t) induzierten überein, da beide Involutionen den Berührpunkt T von $\mathcal{E}$ invariant lassen und die Schnittpunkte $g \cap \Omega$ vertauschen. Also werden von beiden Involutionen auch die Schnittpunkte $\{Q, \tilde{Q}\} = g \cap \mathcal{S}$ mit dem durch die Brennlinien $f, \tilde{f}$ gebildeten singulären Kegelschnitt $\mathcal{S}$ vertauscht. $\qquad\square$

Der letzte Vorbereitungssatz betrifft Eigenschaft (v) aus Satz 7.3:

Proposition 7.9 Seien $(\mathcal{E}, \mathcal{E}^\triangle)$ und $(\Omega, \Omega^\triangle)$ verschiedene Elemente eines dualen Büschels und $(F, \tilde{F})$ ein Brennpunktpaar. Definiere $(\Omega, \Omega^\triangle)$ die Spiegelungen und Kreise. Dann liegen die im Tangentenbündel von $\mathcal{E}$ gespiegelten Bilder von $\tilde{F}$ auf einem gemeinsamen Kreis um F, d. h., alle Spiegelbilder von $\tilde{F}$ haben von F denselben Abstand (in der durch $(\Omega, \Omega^\triangle)$ definierten Geometrie).

Duale Formulierung: Seien $(\mathcal{E}, \mathcal{E}^\triangle)$ und $(\Omega, \Omega^\triangle)$ verschiedene Elemente eines Büschels und $(f, \tilde{f})$ ein Brennlinienpaar. Definiere $(\Omega, \Omega^\triangle)$ die Spiegelungen und Kreise. Dann liegen die in den Punkten von $\mathcal{E}$ gespiegelten Bilder von $\tilde{f}$ tangential an einen gemeinsamen Kreis mit dualem Mittelpunkt f, d. h., alle Spiegelbilder von $\tilde{f}$ schneiden f unter demselben Winkel (in der durch $(\Omega, \Omega^\triangle)$ definierten Geometrie).

Beweis Wir beweisen den Satz in seiner ersten Formulierung für reguläre Kegelschnitte $\mathcal{E}$ und Ω. Ist $\mathcal{E}$ singulär, so bilden alle nicht durch $\tilde{F}$ verlaufenden Tangenten an $\mathcal{E}$ ein Büschel durch F. Die Behauptung ist dann offensichtlich erfüllt. Ist Ω singulär, so betrachten wir Ω als regulären Grenzwert.

Seien also $\mathcal{E}$ und Ω regulär und verschieden. Eine Spiegelung (3.3) an einer Geraden t hat die Form

$$\mathcal{R}_t \;\sim\; \Omega^{-1}[t]\mathcal{I} - 2\Omega^{-1}tt^{\mathrm{T}}$$

mit Zentrum $\Omega^{-1}t$. Tangenten t an $\mathcal{E}$ erfüllen dabei

$$0 \;=\; \mathcal{E}^{-1}[t].$$

Außerdem liegt die Doppelgerade durch das Brennpunktpaar ebenfalls im dualen Büschel:

$$\Omega^{-1} \;\sim\; \nu\mathcal{E}^{-1} + (F\tilde{F}^{\mathrm{T}} + \tilde{F}F^{\mathrm{T}}).$$

Daher gibt es $\mu \neq 0$, sodass für alle Tangenten t

$$\Omega^{-1}[t] \;=\; -2\mu(t^{\mathrm{T}}F)(t^{\mathrm{T}}\tilde{F}) \tag{$*$}$$

gilt. Die Spiegelbilder von $\tilde{F}$ in den Tangenten t an $\mathcal{E}$ sind also gegeben durch

$$\mathcal{R}_t\tilde{F} \;\sim\; \mu(t^{\mathrm{T}}F)\tilde{F} + \Omega^{-1}t.$$

Ein allgemeiner Kreis $(\mathcal{C}, \mathcal{C}^\triangle)$ mit Mittelpunkt F hat die Form

$$\mathcal{C} \;\sim\; \lambda\Omega + \Omega FF^{\mathrm{T}}\Omega$$

(Definition 6.2). Einsetzen der Spiegelbilder von $\tilde{F}$ liefert:

$$\begin{aligned}
\mathcal{C}[R_t\tilde{F}] \;\sim\;& \lambda\Omega[R_t\tilde{F}] + (F^{\mathrm{T}}\Omega(R_t\tilde{F}))^2 \\
\sim\;& \lambda\Omega[\mu(t^{\mathrm{T}}F)\tilde{F} + \Omega^{-1}t] + (F^{\mathrm{T}}(\mu(t^{\mathrm{T}}F)\Omega\tilde{F} + t))^2 \\
=\;& \lambda\mu^2(t^{\mathrm{T}}F)^2\Omega[\tilde{F}] + \boxed{2\lambda\mu(t^{\mathrm{T}}F)(t^{\mathrm{T}}\tilde{F}) + \lambda\Omega^{-1}[t]}\ \substack{=0,\ \text{siehe }(*)} \\
& + \mu^2(t^{\mathrm{T}}F)^2(F^{\mathrm{T}}\Omega\tilde{F})^2 + 2\mu(t^{\mathrm{T}}F)^2(F^{\mathrm{T}}\Omega\tilde{F}) + (t^{\mathrm{T}}F)^2 \\
=\;& (t^{\mathrm{T}}F)^2\left(\lambda\mu^2\Omega[\tilde{F}] + \mu^2(F^{\mathrm{T}}\Omega\tilde{F})^2 + 2\mu(F^{\mathrm{T}}\Omega\tilde{F}) + 1\right).
\end{aligned}$$

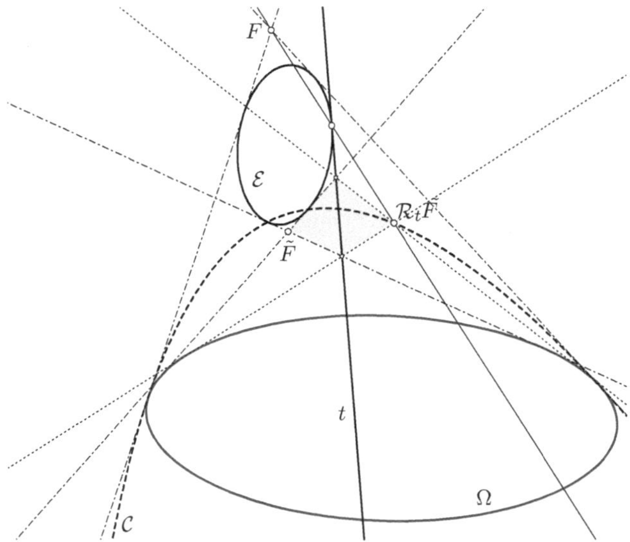

Abb. 7.8 Kreis des im Kegelschnitt gespiegelten Brennpunktes

Die von t unabhängige Wahl

$$\lambda \ := \ -\frac{\mu^2(F^{\mathrm{T}}\Omega\tilde{F})^2 + 2\mu(F^{\mathrm{T}}\Omega\tilde{F}) + 1}{\mu^2\Omega[\tilde{F}]}$$

liefert nun tatsächlich den Kreis der Spiegelbilder. (Im Ausnahmefall $\Omega[\tilde{F}] = 0$ liegen mit $\tilde{F}$ auch alle Spiegelbilder auf Ω, also ebenfalls einem Kreis.) $\square$

In Abb. 7.8 ist dies nochmals dargestellt: Das Brennpunktpaar $F, \tilde{F}$ der dargestellten Kegelschnitte $\mathcal{E}, \Omega$ ist durch die vier reellen gemeinsamen Tangenten festgelegt. Das Bild $\mathcal{R}_t\tilde{F}$ von $\tilde{F}$ unter der Spiegelung in einer Tangenten t an $\mathcal{E}$ ist durch ein weiteres Tangentenvierseit bestimmt. Es liegt mit F und dem Berührpunkt auf einer Linie. Die Kurve $\mathcal{C}$ aller Bilder muss also Ω in den Berührpunkten der Tangenten durch F ebenfalls berühren. Ist $\mathcal{C}$ ein Kegelschnitt, muss es ein Kreis mit Mittelpunkt F sein.

Wir sind nun bereit für die projektive Verallgemeinerung der euklidischen Brennpunkteigenschaften aus Satz 7.3 (Abb. 7.5).

Satz 7.10 *Wird in einem nichttrivialen dualen Büschel von Kegelschnitten ein Element als absoluter Kegelschnitt Ω ausgezeichnet, so gilt für jeden anderen Kegelschnitt $\mathcal{C}$ des dualen Büschels und jedes Brennpunktpaar:*

   (i) Jeder Strahl aus einem Brennpunkt wird in der Tangente im getroffenen Punkt dieses Kegelschnittes $\mathcal{C}$ in eine Gerade durch den anderen Brennpunkt gespiegelt.

(ii) Der Pol einer Sehne durch einen Brennpunkt liegt auf dem im Brennpunkt errichteten Lot.

(iii) Die Spiegelbilder eines Brennpunktes im Tangentenbündel des Kegelschnittes C bilden einen Kreis um den anderen Brennpunkt.

(iv) Die Summe bzw. Differenz der Abstände zu den Brennpunkten (sofern definiert) ist konstant.

Duale Formulierung: Wird in einem nichttrivialen Büschel von Kegelschnitten ein Element als absoluter Kegelschnitt Ω ausgezeichnet, so gilt für jeden anderen Kegelschnitt C des Büschels und jedes Brennlinienpaar:

(i) Jeder Punkt auf einer Brennlinie wird in den Berührpunkten der durch ihn verlaufenden Tangenten an C auf die gegenüberliegende Brennlinie gespiegelt.

(ii) Die Polaren eines Punktes einer Brennlinie bezüglich der Kegelschnitte des Büschels schneiden sich auf der Brennlinie.

(iii) Die Spiegelbilder einer Brennlinie in den Punkten des Kegelschnittes C bilden das Tangentenbündel eines Kreises um den Pol der anderen Brennlinie.

(iv) Die Summe bzw. Differenz der Winkel der Tangenten zu den Brennlinien (sofern definiert) ist konstant.

Beweis Die Behauptungen (i), (ii), (iii) wurden in den vorangegangenen Propositionen bewiesen. Die Behauptung (iv) ist eine direkte Folgerung aus (i) und (iii). $\square$

Es verbleibt also nur noch das Abstandsverhältnis (ii) aus Satz 7.3. Da wir Abstände als Logarithmus des Doppelverhältnisses definiert haben, erwarten wir hier im Allgemeinen eine transzendente Kurve, also insbesondere keinen Kegelschnitt.

In der Tat kann eine Kurve konstanten Abstandsverhältnisses zu einem gegebenen Punkt F und einer gegebenen Geraden d dieses Abstandsverhältnis nur dann auch in Richtung der Tangenten t_1, t_2 durch F an Ω beibehalten, wenn die Kurve durch die Schnittpunkte $t_\ell \cap d$ verläuft und auf einer Seite der jeweiligen Tangente liegt, also dort tangential an t_1, t_2 ist. Die einzigen Kegelschnittkandidaten bilden daher das Büschel $\langle dd^{\mathrm{T}}, t_1 t_2^{\mathrm{T}} + t_2 t_1^{\mathrm{T}} \rangle$. Dies ist ein Kreisbüschel. Allerdings enthält es nicht den absoluten Kegelschnitt, also sind die Elemente keine Kreise bezüglich Ω. Automatisch wird (F, d) zu einem polaren Paar jedes Kegelschnittes

$$C \;=\; \lambda dd^{\mathrm{T}} + \mu(t_1 t_2^{\mathrm{T}} + t_2 t_1^{\mathrm{T}}) \tag{7.3}$$

des Büschels. Ein Kegelschnitt (7.3) ist also durch den absoluten Kegelschnitt $(\Omega, \Omega^{\triangle})$, den Brennpunkt F, seine Polare/Direktrix d und einen beliebigen weiteren Punkt (oder eine beliebige Tangente) eindeutig bestimmt. Ist dieser Kegelschnitt regulär, so schneidet er das Lot von F auf d in zwei Punkten P, Q, die zu F und den Lotfußpunkt L harmonisch liegen. Nun sind aber

$$(L, F; P, Q) \;=\; -1, \qquad \mathrm{dist}(L, P)\,\mathrm{dist}(F, Q) \;=\; \mathrm{dist}(L, Q)\,\mathrm{dist}(F, P)$$

genau dann kompatibel, wenn entweder P, Q die Mittelpunkte von F, L sind oder Ω eine Doppelgerade ist. Tatsächlich:

Proposition 7.11 Seien ein Punkt F, $\Omega[F] \neq 0$, und eine Gerade d, $\Omega^\triangle[d] \neq 0$, gegeben. Dann bilden die Punkte P mit festem Verhältnis der Invarianten (5.11) von P zu F und von P zum Fußpunkt L des Lotes von P auf d einen Kegelschnitt. Wird das Verhältnis variiert (und hat $\Omega^\triangle$ wenigstens Rang 2), so durchlaufen die entstehenden Kegelschnitte das Büschel (7.3).

Beweis Sei also F ein nicht auf dem absoluten Kegelschnitt liegender Punkt und d eine nicht an den absoluten Kegelschnitt tangentiale Gerade. (Sonst wären alle Abstände zu F bzw. d unendlich!) Sei $D \sim \Omega^\triangle d$ der Pol von d. Dann ist $L \sim d \times (P \times D) = (d^{\mathrm{T}} D)P - (d^{\mathrm{T}} P)D$ der Lotfußpunkt. Die in festem Verhältnis stehenden Invarianten sind

$$\operatorname{inv}(P, L) \;=\; \frac{\Omega^\triangle[P \times L]}{\Omega[P]\Omega[L]}, \qquad \operatorname{inv}(P, F) \;=\; \frac{\Omega^\triangle[P \times F]}{\Omega[P]\Omega[F]}.$$

Die Punkte $P \notin \Omega$ erfüllen also

$$0 \;=\; \Omega^\triangle[P \times F]\Omega[L] - \gamma\,\Omega^\triangle[P \times L] \tag{7.4}$$

für ein festes γ. Wir unterscheiden drei Fälle anhand des Ranges von $\Omega^\triangle$.

Sei zunächst Ω regulär, d. h., $\Omega^\triangle = \Omega^{-1}$ vom Rang 3. Seien $D = \Omega^{-1}d$ der Pol von d und $\{U, V\} = d \cap \Omega$ die Punkte von d auf dem absoluten Kegelschnitt. Nach Voraussetzung sind D, U, V paarweise verschieden. Wir wählen für U, V feste Vertreter, sodass $d = U \times V$, und schreiben P in baryzentrischen Koordinaten:

$$P \;=\; \lambda D + \mu U + \nu V, \qquad (\lambda, \mu, \nu) \in \mathbb{CP}^2.$$

Dann gilt

$$\begin{aligned}
L &\;=\; d \times (P \times D) \;=\; (U \times V) \times (P \times D) \;=\; [UVD]P - [UVP]D \\
&\;=\; [DUV](\mu U + \nu V), \\
P \times L &\;=\; \nu[DUV]D \times (\mu U + \nu V),
\end{aligned}$$

wobei $[DUV]$ wieder die Determinante bezeichnet. Also hat (7.4) die Form

$$0 \;=\; 2[DUV]^2\mu\nu\,\Omega^{-1}[P \times F](U^{\mathrm{T}}\Omega V) - \gamma\mu\nu^3(D \times U)^{\mathrm{T}}\Omega^{-1}(D \times V).$$

Außer für die Punkte P auf den Tangenten t_1, t_2 an Ω durch F (die wir bereits als die Schnittpunkte mit d identifiziert haben) kann $\mu\nu$ gekürzt werden. Dies resultiert in einer quadratischen Form für P. Bei genauem Hinsehen hat sie die Gestalt (7.3): Beachte $\Omega^{-1}[P \times F] \sim (t_1 t_2^{\mathrm{T}} + t_2 t_1^{\mathrm{T}})[P]$ und $v^2 \sim (dd^{\mathrm{T}})[P]$. (Alternativ kennen wir bereits die Punkte und Tangenten des Kegelschnittes auf d, also gehört er zum Büschel (7.3).)

Sei nun $\Omega = (X \times Y)(X \times Y)^{\mathrm{T}}$ mit absoluten Polen $X \neq Y$, d. h. $\Omega^{\triangle} = XY^{\mathrm{T}} + YX^{\mathrm{T}}$ vom Rang 2. Alle Pole liegen auf Ω, also auch $D = \lambda X + \mu Y$ und $[DXY] = 0$. Dann gilt für beliebige Q

$$\Omega[Q] = [QXY]^2, \qquad \Omega^{\triangle}[P \times Q] = 2[PQX][PQY],$$

also insbesondere

$$\Omega[L] = \Omega[(d^{\mathrm{T}}D)P - (d^{\mathrm{T}}P)D] = (d^{\mathrm{T}}D)^2[PXY]^2,$$
$$\Omega^{\triangle}[P \times L] = \Omega^{-1}[(d^{\mathrm{T}}P)P \times D] = -2(d^{\mathrm{T}}P)^2\lambda\mu[PXY]^2.$$

Diesmal hat (7.4) die Form

$$0 = 2(d^{\mathrm{T}}D)^2[PFX][PFY][PXY]^2 + 2\gamma\lambda\mu(d^{\mathrm{T}}P)^2[PXY]^2.$$

Außer für die Punkte $P \in \Omega$ auf der Ferngeraden kann $[PXY]^2$ gekürzt werden. Dies resultiert in einer quadratischen Form für P, die offensichtlich die Gestalt (7.3) hat.

Sei schließlich $\Omega^{\triangle} = XX^{\mathrm{T}}$ vom Rang 1. Dann geht jedes Lot auf d durch X, d. h., jeder Punkt hat von d den Abstand null. In der Tat ist $\Omega^{\triangle}[P \times L] \equiv 0$. Also muss für endliche Verhältnisse auch $\Omega^{\triangle}[P \times F] = 0$ gelten, d. h., der gesuchte Kegelschnitt ist die Doppelgerade $X \times F$. Im Büschel (7.3) werden dann nur die Randfälle $\lambda = 0$ und $\mu = 0$ angenommen. $\qquad\square$

In den ungekrümmten Ebenen (Euklid, Minkowski) definieren konstante Abstandsverhältnisse zu Brennpunkt und Direktrix also weiterhin Kegelschnitte, da die Invarianten (5.11) dann gerade die Quadrate der Abstände sind. In den singulären Ebenen (Dual-Euklid, Galilei, Dual-Minkowski) entarten diese Kegelschnitte zur Doppelgeraden durch Brennpunkt und absoluten Pol.

In den gekrümmten (regulären) Ebenen bleibt nur die Kurve der Punkte mit gleichen Abständen zu Brennpunkt und Direktrix als regulärer Kegelschnitt. (Das Tangentenpaar durch den Brennpunkt an Ω und die Direktrix als Doppelgerade sind weiterhin singuläre Kegelschnitte mit Abstandsverhältnis 0 bzw. ∞.) Eine ähnliche Sonderrolle hatte schon der Thales-Kegelschnitt unter den Kurven fester Peripheriewinkel gespielt.

Übung 7.12 Gib einen Algorithmus an, der die Mittelpunkte der Kreise (bezüglich eines beliebig vorgegebenen absoluten Kegelschnittes) findet, die durch zwei Peripheriepunkte und eine Tangente bestimmt sind (Abb. 7.9).

Kreise durch zwei Punkte mit einer Tangente

www.stefan-liebscher.de/geometry?preset=circles12&metric=lobachevskian

Kreise durch einen Punkte mit zwei Tangente

www.stefan-liebscher.de/geometry?preset=circles21&metric=lobachevskian

Abb. 7.9 Durch Peripheriepunkte und Tangenten bestimmte Kreise

Übung 7.13 Gib einen Algorithmus an, der die Mittelpunkte der Kreise (bezüglich eines beliebig vorgegebenen absoluten Kegelschnittes) findet, die durch einen Peripheriepunkt und zwei Tangenten bestimmt sind (Abb. 7.9).

Geodäten und Parallelverschiebung

Übersicht

Geodäten sind die „geraden" Linien gekrümmter Räume. Der geodätische Fluss beschreibt, was es heißt, auf gekrümmten Flächen geradeaus zu laufen.

Beides lässt sich für die in die projektive Ebene eingebetteten Geometrien besonders elegant beschreiben. Wir erhalten dadurch ein interessantes Beispiel für fundamentale Begriffe der Dynamik (Limesmengen, invariante Mannigfaltigkeiten, stabile und instabile Faserungen) und der Differenzialgeometrie (Geodäten, Paralleltransport, Krümmung).

8.1   Der geodätische Fluss

Geodäten können auf verschiedene Weise charakterisiert werden. Ist ein geeignetes Abstandsmaß gegeben, so sind Geodäten, die zwei gegebene Punkte P, Q verbinden, gerade die kritischen unter allen Kurven von P nach Q, natürlich bezogen auf die durch das Abstandsmaß definierte Bogenlänge. Ist ein Paralleltransport (auf den orientierten Geraden) gegeben, so nennen wir diejenigen Kurven Geodäten, deren Tangentenbündel unter Paralleltransport entlang der jeweiligen Kurve invariant bleiben. In infinitesimaler Beschreibung werden die Geodäten zu den Trajektorien des geodätischen Flusses auf dem (Einheits-)Tangentialbündel der Ebene.

Sind Geodäten als kritische Kurven definierbar, kann man den Paralleltransport so festlegen, dass die Geodäten auch autoparallel sind. Es ist ebenfalls möglich – aber schwieriger –, aus dem Paralleltransport eine passende Metrik zu gewinnen.

© Springer-Verlag GmbH Deutschland 2017
S. Liebscher, *Projektive Geometrie der Ebene*, Springer-Lehrbuch Masterclass,
https://doi.org/10.1007/978-3-662-54080-0_8

In den elliptischen, euklidischen und Beltrami-Klein-Ebenen sind die Geodäten die Kurven minimaler Länge. (Umwege sind länger.) In den Anti-de-Sitter-, De-Sitter- und Minkowski-Ebenen sind sie die Kurven maximaler Länge. (Umwege sind kürzer.) In den anderen drei Geometrien gibt es keine Kurven kritischer Länge. (In der klassischen Mechanik ist die Länge jeder Kurve zwischen (q_1^i, t_1) und (q_2^i, t_2) gleich dem Abstand $t_2 - t_1$ der Endpunkte. Die Definition kritischer Kurven erfordert die Wahl eines Wirkungsintegrals.)

Der absolute Kegelschnitt legt per Polarität zu jeder Geraden ein Normalenbündel fest. Die Spiegelungen an einer geraden Anzahl (o.B.d.A. zwei, wobei eine festgehalten werden kann) von Normalen bilden eine kontinuierliche Gruppe orientierungserhaltender Kongruenzen, die die Ursprungsgerade festhalten. In der Tat ist die Gruppe wieder eine projektive Gerade. Diese Gruppe definiert die Parallelverschiebungen entlang der Geraden.

Sind zwei Punkte P, Q gegeben, so wird die Parallelverschiebung von P nach Q entlang der Verbindungsgeraden $P \times Q$ alternativ auch durch die Punktspiegelung an dem auf dem Pfad liegenden Mittelpunkt (5.12) geleistet. Diese Spiegelung transportiert allerdings nur das Geradenbüschel parallel. Sind die Geraden gerichtet, dann muss eine zweite Spiegelung um den Anfangspunkt vorausgeschickt oder um den Endpunkt nachgestellt werden (Übung 8.2).

Geodäten und Geraden sind so dieselben Kurven. (Das macht die projektive Einbettung der metrischen Geometrien so nützlich.) Dies folgt einerseits aus der Dreiecksungleichung (falls $\Omega^\triangle$ wenigstens Rang 2 hat) und andererseits aus der Definition der Parallelverschiebung. Die Parallelverschiebung entlang allgemeiner Kurven kann durch stückweise lineare Approximation definiert werden.

Der geodätische Fluss ist nun wie folgt definiert: Sei $X \in \mathbb{R}P^2$ ein Punkt und $V \in T_X^1 \mathbb{R}P^2$ ein Einheitstangentenvektor in X. Wählen wir Koordinaten in $\{z = 1\}$, d. h. $X \in \mathbb{R}^3, X^3 = 1$, so können wir $V \in \mathbb{R}^2 \subset R^3$ mit $V^3 = 0$ wählen. Dann repräsentiert V einen Einheitsvektor, falls $\frac{d}{d\lambda}\mathrm{dist}_{(\Omega,\Omega^\triangle)}(X, X + \lambda V) = 1$. Die Gerade $\{ X + \lambda V \mid \lambda \in \mathbb{R} \cup \{\infty\} \}$ ist die (eindeutige) Geodäte durch X in Richtung V. Also definiert

$$\Phi_t(X, V) \ := \ (X + \tilde{t}V, cV), \qquad t \ = \ \mathrm{dist}_{(\Omega,\Omega^\triangle)}(X, X + \tilde{t}V).$$

den geodätischen Fluss Φ_t auf dem Einheitstangentenbündel. (Die Skalierung $c > 0$ ist so gewählt, dass cV wieder ein Einheitsvektor ist.) Mit $\pi \Phi_t$ bezeichnen wir den Basispunkt ohne Tangentenvektor. Die Geschwindigkeit bezüglich der Zeit t, mit der die Geodäten durchlaufen werden, ist konstant. In gleicher Zeit durchlaufene Strecken sind kongruent.

8.2 Horozyklen

Betrachten wir die hyperbolische Ebene, $\Omega \sim \mathrm{diag}(1, 1, -1)$, dabei speziell die Beltrami-Klein-Geometrie, d. h. die inneren Punkte. Die Trajektorien des geodätischen Flusses Φ_t verlaufen entlang von Geraden mit α-Limes (für $t \to -\infty$) und ω-Limes (für $t \to \infty$) in den Schnittpunkten der jeweiligen Geraden mit dem absoluten Kegelschnitt.

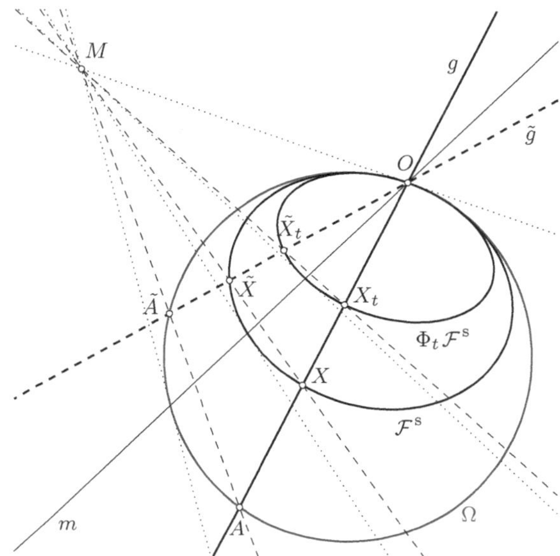

Abb. 8.1 Horozyklen als invariante Mannigfaltigkeiten des geodätischen Flusses

Seien also $A, O \in \Omega$ die Limespunkte, $g \sim A \times O$ die Geodäte, $X \in g$ der Startpunkt und $V \sim O - X$ der Tangentialvektor in X an g in Richtung O (Abb. 8.1).

Die Spiegelung an einer beliebigen (nichttangentialen) Geraden m durch O bildet den Horozyklus $\mathcal{F}_{X,V}^{s}$ (als Kreis mit Mittelpunkt O auf der Spiegelungsgeraden) auf sich ab. Mit O ist das Geradenbüschel durch O unter der Spiegelung ebenfalls invariant. Daher sind die Strecken zwischen $\tilde{X}$ und $\tilde{X}_t = \pi \Phi_t(\tilde{X}, \tilde{V})$ für festes t und beliebige $(\tilde{X}, \tilde{V}) \in \mathcal{F}_{X,V}^{s}$ kongruent. Die Familie $\{ \mathcal{F}_{X,V}^{s} \mid t \in \mathbb{R} \}$ der Horozyklen ist unter dem geodätischen Fluss invariant. Gleiches gilt für die Horozyklen in A: Die Familien werden jeweils auf sich abgebildet.

Die nachfolgenden Betrachtungen werden zeigen, dass wir mit Recht den Horozyklus $\mathcal{F}_{X,V}^{s}$ mit Mittelpunkt O und Peripheriepunkt X die stabile Faser von (X, V) und den Horozyklus $\mathcal{F}_{X,V}^{u}$ mit Mittelpunkt A und Peripheriepunkt X die instabile Faser von (X, V) nennen können. Dabei werden die Punkte von $\mathcal{F}_{X,V}^{s}$ durch die Tangentialvektoren in Richtung O und die Punkte von $\mathcal{F}_{X,V}^{u}$ durch die Tangentialvektoren aus Richtung A ergänzt. Dann ist $\mathcal{F}_{\tilde{X},\tilde{V}}^{s} = \mathcal{F}_{X,V}^{s}$ für jeden Punkt $(\tilde{X}, \tilde{V}) \in \mathcal{F}_{X,V}^{s}$. Die Invarianz der Faserungen haben wir schon gesehen, fehlt noch die Stabilität.

Sei $G = \Omega^{-1}g$ der Pol von g. Die Spiegelung an $G \times X$ bildet g und X auf sich sowie $\mathcal{F}_{X,V}^{s}$ auf $\mathcal{F}_{X,-V}^{s}$ ab. Dabei stimmen die Basispunkte von $\mathcal{F}_{X,-V}^{s}$ mit denen von $\mathcal{F}_{X,V}^{u}$ überein, die Tangentialvektoren sind entgegengesetzt (Abb. 8.2).

Ist M_t ein Mittelpunkt von $X_0 = X$ und $X_t = \pi \Phi_t(X, V)$, so bildet die Spiegelung $\mathcal{R}_t$ an $G \times M_t$ entsprechend $\pi \Phi_t(\mathcal{F}_{X,V}^{s})$ auf $\pi \mathcal{F}_{X,V}^{u}$ (mit umgekehrten Tangentialvektoren) ab. Eine zweite (feste) Gerade $\tilde{g}$ durch O wird auf eine Gerade $\tilde{g}_t$ durch A abgebildet, mit $\tilde{g}_t \to g$ für $t \to \infty$. Die Spiegelung lässt (als Kongruenzabbildung) die Abstände entlang der Faser gleich. Also ist der Abstand von $X_t = \pi \Phi_t(X, V)$ und $\tilde{X}_t = \pi \Phi_t(\tilde{X}, \tilde{V})$ gleich dem von X_0 und $\mathcal{R}_t\tilde{X}_t$ (bezüglich der hyperbolischen Metrik!) und geht für $t \to \infty$ gegen null.

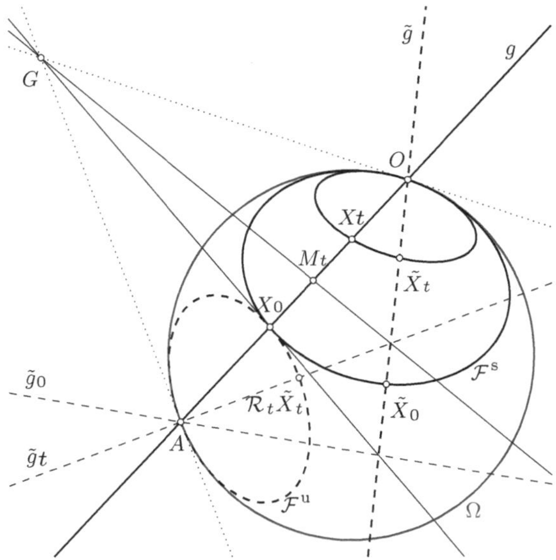

Abb. 8.2 Horozyklen als stabile Fasern des geodätischen Flusses

Entlang der stabilen Faser werden die Abstände der Basispunkte unter Φ_t für wachsendes t kleiner und verschwinden im Limes $t \to \infty$. (Das ist der Grund für die Namensgebung!) Entlang der instabilen Faser werden die Abstände der Basispunkte unter Φ_t für fallendes t kleiner und verschwinden im Limes $t \to -\infty$. Entlang der Geodäte bleiben die Abstände gleich. Lokal, nahe (X, V) kann das (dreidimensionale) Einheitstangentenbündel als direkte Summe dieser drei Kurven dargestellt werden.

Übung 8.1 Zeige, dass (in der euklidischen Ebene) die Schmiegekreise in den Scheitelpunkten einer Ellipse (Hyperbel, Parabel) dort Kontakt dritter Ordnung haben. Dies begründet die Näherungskonstruktion einer Ellipse durch ihre Scheitelschmiegekreise. Hinweis: Zeige, dass die Scheitelschmiegekreise Horozyklen bezüglich des Kegelschnittes sind.

Die Einbettung der Lobačevskij-Geometrie in die projektive Ebene in Form des Beltrami-Klein-Modells ist eine geradentreue Abbildung: Geodäten sehen wie gewohnte Geraden aus. Sie entsteht durch Projektion der Einheitsschale $\{t^2 - x^2 - y^2 = 1,\ t > 0\}$ des $(1 + 2)$-dimensionalen Minkowski-Raumes aus dem Koordinatenursprung auf die Ebene $\{t \equiv 1\}$. Die Geodäten der Schale sind die Schnitte mit den Ebenen durch den Mittelpunkt und werden deshalb in dieser Darstellung auf gewohnte Geraden abgebildet.

Wird stattdessen aus dem Scheitel $(x, y, t) = (0, 0, -1)$ der anderen Schale projiziert, ergibt sich als stereografische Projektion das ebenfalls auf Beltrami zurückgehende Poincaré'sche Kreisscheibenmodell, das nun nicht mehr geradentreu, dafür aber winkeltreu

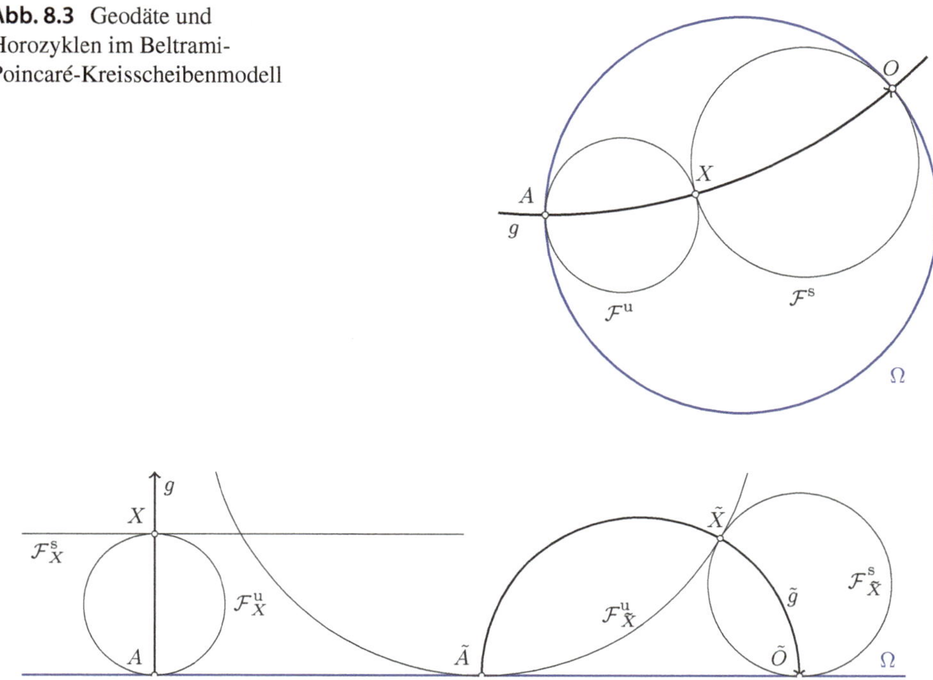

Abb. 8.3 Geodäte und Horozyklen im Beltrami-Poincaré-Kreisscheibenmodell

Abb. 8.4 Geodäten und Horozyklen im Beltrami-Poincaré-Halbebenenmodell

ist: Der Winkel wird euklidisch gemessen. Es ist aber immerhin konform und kreisverwandt, sodass die Geodäten nun Kreisbögen sind, die auf Ω senkrecht stehen. Auch die Horozyklen erhalten nun das Aussehen gewohnter Kreise (Abb. 8.3).

Fasst man das Poincaré-Modell als Einheitskreisscheibe der komplexen Zahlenebene auf, wird es durch die konforme, winkeltreue (Möbius-)Transformation

$$w \;\longmapsto\; -\mathbf{i}\,\frac{w+\mathbf{i}}{w-\mathbf{i}}, \qquad w = x + \mathbf{i}y, \tag{8.1}$$

in das gleichfalls auf Beltrami zurückgehende Poincaré'sche Halbebenenmodell überführt (Abb. 8.4). Die inneren Punkte der hyperbolischen Ebene bilden die Menge $\{\, w = x + \mathbf{i}y \mid y > 0 \,\}$ mit den Fernpunkten $\mathbb{R} \cup \{\infty\}$ und der Metrik $\mathrm{d}s^2 = (\mathrm{d}x^2 + \mathrm{d}y^2)/y^2$. Geodäten sind dann die vertikalen Halblinien und die (euklidischen) Halbkreise mit Mittelpunkt auf der reellen Achse. Der geodätische Fluss lässt sich o.B.d.A an den vertikalen Linien studieren, deren stabile Fasern die horizontalen Linien (mit vertikalen Tangentenvektoren) sind. Invarianz und Abstandsverkleinerung unter dem geodätischen Fluss sind dort offensichtlich.

Die Möbius-Transformationen sind die Isometrien und bilden die vertikalen Linien auf die Halbkreise ab. Die horizontalen Linien werden auf (euklidische) Kreise abgebildet, die die reelle Achse berühren. Dies sind also die Horozyklen im Halbebenenmodell. Die die reelle Achse in $\tilde{O}$ berührenden Kreise bilden das Büschel stabiler Fasern jeder Geodäte mit ω-Limespunkt $\tilde{O}$.

Die Übergänge zwischen den einzelnen Darstellungen werden durch folgende Transformationen erreicht: Sei $Q = (x, y) \in B_1(0) \subset \mathbb{R}^2$ bzw. $Q \sim (x, y, 1) \in \mathbb{RP}^2$ ein innerer Punkt des Beltrami-Klein-Modells.

(i) Projektion auf die obere Schale des Hyperboloids $\{t^2 - x^2 - y^2 = 1\}$:

$$Q \;\longmapsto\; \frac{1}{\gamma}(x, y, 1) \;\in\; \mathbb{R}^3, \qquad \text{mit} \quad \gamma \;=\; \sqrt{1 - x^2 - y^2} \;\in\; \mathbb{R}. \qquad \text{(Quadrik)}$$

(ii) Projektion der Schale aus dem Punkt $(0, 0, -1)$ auf die Ebene $\{t \equiv 0\}$:

$$Q \;\longmapsto\; w \;=\; \frac{x + \mathbf{i}y}{1 + \gamma} \;\in\; B_1(0) \;\subset\; \mathbb{C}. \qquad \text{(Beltrami-Poincaré-Modell)}$$

(iii) Verknüpfung von (ii) mit der konformen Abbildung (8.1):

$$Q \;\longmapsto\; \frac{2x(1 + \gamma) + \mathbf{i}\left((1 + \gamma)^2 - x^2 - y^2\right)}{x^2 + (1 + \gamma - y)^2} \;\in\; \mathbb{R} \times \mathbb{R}_+. \quad \text{(Halbebenenmodell)}$$

Die Halbebene stellt eine Mercator-Karte der Lobačevskij-Geometrie dar: Die vertikalen Linien bilden eine ausgewählte Geodätenschar, deren horizontaler Abstand nach oben immer kleiner wird und im Unendlichen verschwindet. Der Maßstab auf den Vertikalen wird an den Maßstab der Horizontalen so angepasst, dass Winkeltreue entsteht. Die Metrik der Halbebene lautet entsprechend $\mathrm{d}s^2 = (\mathrm{d}x^2 + \mathrm{d}y^2)/y^2$.

Auch die De-Sitter-Geometrie besitzt eine solche durch stereografische Projektion vermittelte winkeltreue Darstellung: Das Winkelmaß ist das der Minkowski-Geometrie. Zunächst kann das Klein'sche Modell als Projektion des einschaligen Hyperboloids $\{t^2 - x^2 - y^2 = -1\}$ aus dem Mittelpunkt auf die Ebene $\{y \equiv 1\}$ aufgefasst werden. Wieder sind wegen der Symmetrie die Geodäten auf dem Hyperboloid die Schnitte mit den Ebenen durch den Mittelpunkt, also Geraden auf der Projektionsebene.

Wird nun nicht mehr aus dem Mittelpunkt, sondern aus dem Punkt $(x, y, t) = (0, -1, 0)$ auf die Ebene $\{y \equiv 0\}$ projiziert, werden die Geodäten zu Hyperbelabschnitten. Diese stereografische Projektion ist nun wieder winkeltreu und kreisverwandt, wobei unter Kreisen die Kreise der Minkowski-Geometrie zu verstehen sind. Die Geodäten erscheinen in euklidischen Augen nun also als Hyperbelbögen. Zeitartige Geodäten laufen Minkowskisenkrecht in die Ω-Hyperbel ein. Raumartige Geodäten schneiden Ω nicht (in reellen Punkten).

Wichtig wird jetzt der Übergang zur Halbebene. Die Transformation ist formal gleich der für die Lobačevskij-Geometrie benutzten Möbius-Transformation (8.1). Durch die übliche Identifikation $\mathbf{i}^2 = -1$ erhält man die Abbildung des Einheitskreises auf die reelle Achse. Setzt man am aber $\mathbf{i}^2 = 1$, ergibt sich eine pseudokonforme Abbildung, die die absolute Hyperbel der De-Sitter-Geometrie auf die reelle Achse abbildet. Die Metrik der Halbebene $\mathbb{R} \times \mathbb{R}_+$ lautet dann analog zur Lobačevskij-Geometrie $ds^2 = (dt^2 - dx^2)/t^2$.

Ebenfalls in Analogie zur Lobačevskij-Geometrie werden die Übergänge zwischen den einzelnen Darstellungen wieder durch folgende Transformationen erreicht: Sei $Q = (x, t) \in \mathbb{R}^2$ bzw. $Q \sim (x, 1, t) \in \mathbb{R}P^2$ ein äußerer Punkt der hyperbolischen Ebene.

(i) Projektion auf das (einschalige) Hyperboloid $\{t^2 - x^2 - y^2 = -1\}$:

$$Q \longmapsto \frac{1}{\gamma}(x, 1, t) \in \mathbb{R}^3, \qquad \text{mit} \quad \gamma = \sqrt{1 + x^2 - t^2} \in \mathbb{R}. \qquad \text{(Quadrik)}$$

(ii) Projektion des Hyperboloids aus dem Punkt $(0, -1, 0)$ auf die Ebene $\{y \equiv 0\}$:

$$Q \longmapsto w = \frac{x + \mathbf{i}t}{1 + \gamma} \in \mathbb{C}. \qquad \text{(Beltrami-Poincaré-Modell)}$$

(iii) Verknüpfung von (ii) mit der pseudokonformen Abbildung (8.1), $\mathbf{i}^2 = 1$:

$$Q \longmapsto \frac{-2x(1 + \gamma) + \mathbf{i}\left(t^2 - x^2 - (1 + \gamma)^2\right)}{x^2 - (1 + \gamma - t)^2} \in \mathbb{R} \times \mathbb{R}_+. \qquad \text{(Halbebene)}$$

Der geodätische Fluss kann beispielhaft an der Geodätenschar studiert werden, die von den Ebenen um die Gerade $\{y = t,\ x = 0\}$ aus dem Hyperboloid in $\mathbb{R}^3$ ausgeschnitten wird. Im Klein'schen Bild liegt der Limespunkt O auf dem oberen Ast, und die Schar wird von den durch O laufenden zeitartigen Geraden gegeben. Die (die instabilen Fasern bildenden) Horozyklen sind Hyperbeln, die Ω in O tangieren. Der Limespunkt A liegt in unserer Darstellung auf dem unteren Ast.

Im Halbebenenmodell hat die Geodätengleichung aus der Extremalenbedingung wegen der Homogenität in x ein erstes Integral: Mit $u = dx/dt$ lautet es $\tau u = t\sqrt{1 - u^2}$ für zeitartige Geodäten und $\tau u = t\sqrt{u^2 - 1}$ für raumartige, beide mit freier Konstante τ. Die Lösungen $t^2 - (x - x_0)^2 = -\tau^2$ für zeitartige und $t^2 - (x - x_0)^2 = \tau^2$ für raumartige Geodäten sind Hyperbeln, deren Mittelpunkte auf dem Rand liegen. Zeitartige Geodäten laufen wieder gewohnt senkrecht in den Limespunkt ein. Die Vertikalen bilden ein spezielles Geodätenbüschel, das wie im Lobačevskij-Fall ersichtlich konvergiert. Die Horozyklen sind ebenfalls Hyperbeln, die den Rand im Limespunkt berühren, also einer Gleichung $(t - t_0)^2 - x^2 = \tau^2$ genügen.

Wir haben nun eine Mercator-Karte der De-Sitter-Geometrie vor uns, die in der Kosmologie eine erhebliche Rolle spielt. Die Vertikalen sind die Weltlinien virtueller Objekte, die die kosmische Expansion markieren und deren Pekuliarbewegung gegen diese homogene Expansion verschwindet. Zu diesem Zweck haben wir auf die *untere* Halbebene transformiert, d. h., Transformation (8.1) wurde ersetzt durch $w \mapsto \mathbf{i}(w - \mathbf{i})/(w + \mathbf{i})$, nach wie vor als pseudokonforme Abbildung mit $\mathbf{i}^2 = 1$. Die Zeitkoordinate zeigt den Ablauf

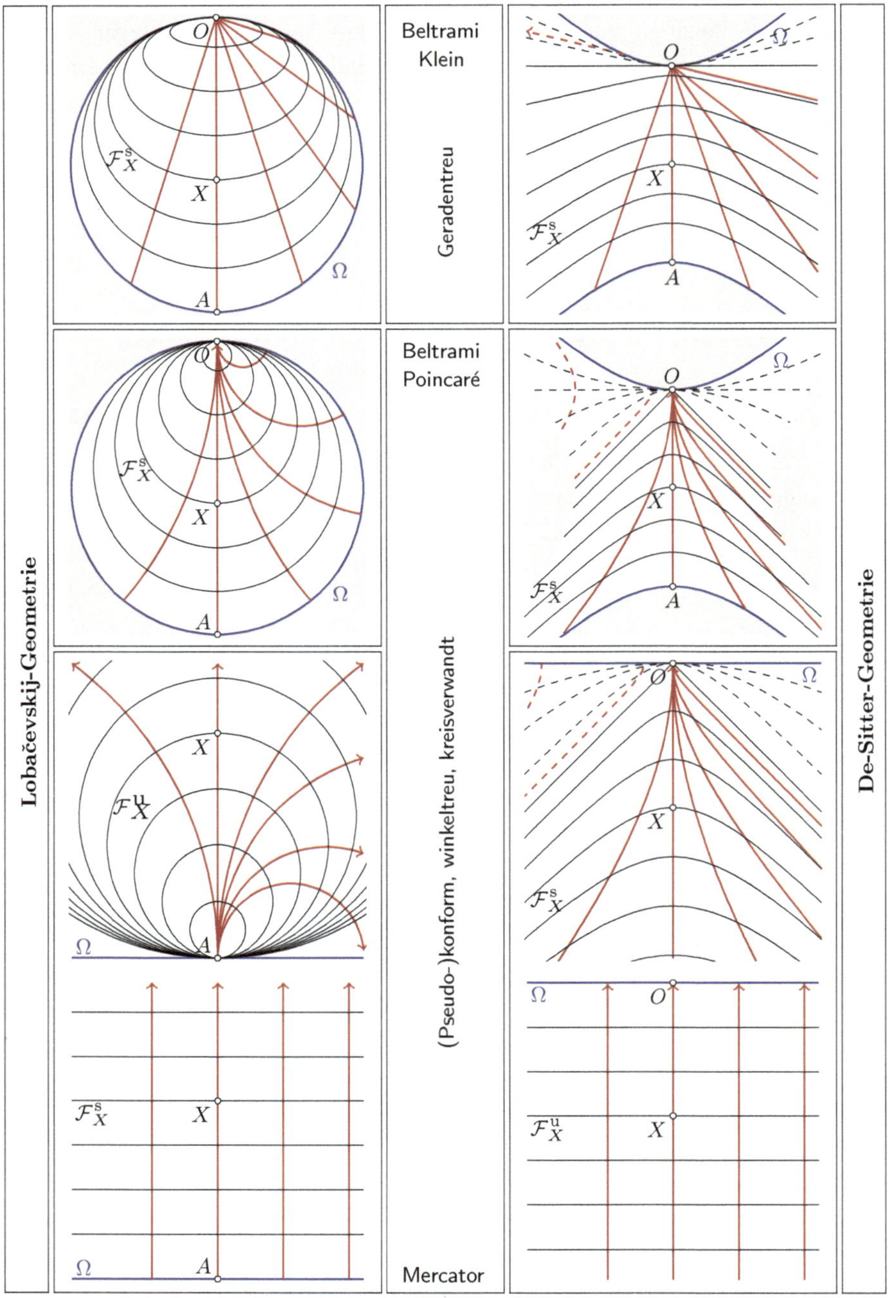

Tab. 8.1 Geodäten und Horozyklen in verschiedenen hyperbolischen Modellen

einer Art Lichtuhr (Abb. 5.7), deren Lichtpendel zwischen zwei dieser Objekte hin und her läuft. Die Bogenlänge auf den Vertikalen divergiert bei Annäherung an Ω, die Zeitkoordinate (auch Konformzeit genannt) nicht. Die Objekte leben unendlich lang, aber die Lichtzeit bleibt stehen.

Die verschiedenen Modelle der hyperbolischen Ebene sind in Tab. 8.1 noch einmal zusammengefasst.

8.3 Parelleltransport und Krümmung

Der Paralleltransport entlang der Strecke von A nach B wird durch die auf den Geraden (durch A) operierende Punktspiegelung (3.3) um den Mittelpunkt $M = \sqrt{\Omega[B]}A \pm \sqrt{\Omega[A]}B$ vermittelt:

$$\mathcal{T}_{A\to B} \;=\; \mathcal{R}_M \;=\; \mathrm{Invol}(M, \Omega M) \;=\; \Omega[M]\mathcal{I} - 2\Omega M M^{\mathrm{T}}$$

(Übung 8.2). Beachte, dass auf den Geraden die (inverse) Transponierte wirkt. Diese Spiegelung transportiert nur das Geradenbüschel parallel. Sind die Geraden gerichtet, dann muss eine zweite Spiegelung um den Anfangspunkt vorausgeschickt oder um den Endpunkt nachgestellt werden.

Übung 8.2 Seien P, X, Q kollinear. Liege X zwischen P und Q. (In der hyperbolischen Ebene ist das eine Einschränkung an X, in der elliptischen Ebene die Definition von „zwischen.") Sei M der Mittelpunkt zwischen P, Q (d. h. auf demselben Geradenabschnitt, auf dem auch X liegt). Seien m_1, m_2 die Mittelsenkrechten zwischen P, X und X, Q. Seien $\mathcal{R}_1, \mathcal{R}_2$ die Spiegelungen an m_1 bzw. m_2, eingeschränkt auf die Geraden durch P bzw. X. Sei $\mathcal{R}$ die Spiegelung an M, eingeschränkt auf die Geraden durch P. Zeige: $\mathcal{R} = \mathcal{R}_2 \circ \mathcal{R}_1$.

Beide Mittelpunkte (sofern sie nicht auf Ω liegen) können verwendet werden, ergeben aber nicht dieselbe Parallelverschiebung. Die Parallelverschiebung auf der projektiven Ebene erhält eine Zweideutigkeit, weil die projektive Ebene nicht orientierbar ist. Verschieben wir längs einer Geraden von einem Punkt zum anderen, ist die Richtung nicht festgelegt. Die Geradenbüschel werden zwar kongruent aufeinander abgebildet, gleich um welchen der beiden Mittelpunkte gespiegelt wird, aber der Drehsinn der beiden Bilder ist verschieden. Die Krümmung, die wir durch Parallelverschiebung um ein geschlossenes geodätisches Vieleck nachweisen wollen, ist auf einer nicht orientierbaren Fläche nur ein lokales Phänomen. Wenn wir ein begrenztes Stück der projektiven Ebene wählen, das die Charakterisierung einer Strecke und ihrer inneren Punkte erlaubt, wird der Paralleltransport eindeutig. Er entsteht durch die Operationen $\mathcal{T}_{A\to B} = \mathcal{R}_B \mathcal{R}_M = \mathcal{R}_M \mathcal{R}_A$. Für äußere Geraden (also die Lobačevskij-Geometrie und die zeitartigen Geraden der De-Sitter-Geometrie) ist das keine Frage, wohl aber für die Punktpaare auf inneren Geraden.

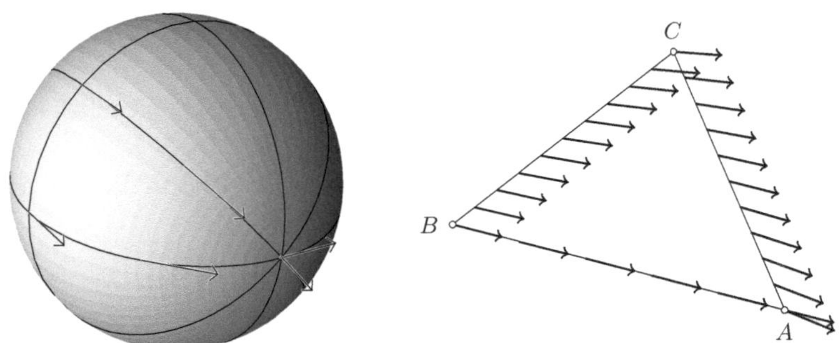

Abb. 8.5 Paralleltransport entlang der Seiten eine Dreiecks

Mit der Normierung $\Omega[A] = \Omega[B] = \Omega[C] = 1$ und der Einschränkung auf die (nicht orientierten) Geraden durch den Startpunkt erhalten wir

$$\begin{aligned}
\tfrac{1}{2}\mathcal{T}_{A\to B} &= (1 + \omega_C)\mathcal{I} - (\Omega A + \Omega B)B^{\mathrm{T}},\\
\tfrac{1}{2}\mathcal{T}_{B\to C} &= (1 + \omega_A)\mathcal{I} - (\Omega B + \Omega C)C^{\mathrm{T}},\\
\tfrac{1}{2}\mathcal{T}_{C\to A} &= (1 + \omega_B)\mathcal{I} - (\Omega C + \Omega A)A^{\mathrm{T}},
\end{aligned}$$

mit $\omega_A = B^{\mathrm{T}}\Omega C$, $\omega_B = A^{\mathrm{T}}\Omega C$, $\omega_C = A^{\mathrm{T}}\Omega B$. Zusammengesetzt ergeben die drei Translationen eine Selbstabbildung des Geradenbüschels durch A als projektive Abbildung der (dualen) projektiven Geraden $\{\, g \mid g^{\mathrm{T}}A = 0 \,\}$. Dabei bleiben Winkel erhalten, und die Tangenten aus A an Ω sind fix. Es handelt sich also um eine Drehung, deren Abweichung von der Identität gerade die Diskrepanz zwischen Nebenwinkel und der Zusammensetzung der gegenüberliegenden Innenwinkel und damit Ausdruck der Krümmung der metrischen Ebene ist (Abschn. 6.4).

In Abb. 8.5 verschieben wir eine Dreiecksseite zunächst entlang der Dreiecksseite selbst und anschließend entlang der anderen beiden Seiten. Die durch diesen Umlauf entstehende Diskrepanz zur Originalrichtung ist genau der Unterschied zwischen Außenwinkel und Zusammensetzung der gegenüberliegenden Innenwinkel (Lemma 6.21 und Übung 6.23).

Übung 8.3 Für dem Umlauf $\mathcal{T}_\triangle = \tfrac{1}{8}\mathcal{T}_{C\to A}\mathcal{T}_{B\to C}\mathcal{T}_{A\to B}$ um das Dreieck gilt

$$\begin{aligned}
\mathcal{T}_\triangle = {}& (\omega_A + 1)(\omega_B + 1)(\omega_C + 1)\mathcal{I} + ((1 - \omega_B)(\omega_C - \omega_B) - 2\omega_B(\omega_A + \omega_B))\,\Omega AB^{\mathrm{T}}\\
& + (\omega_B^2 - 1)\Omega BB^{\mathrm{T}} + ((1 - \omega_B)(\omega_C + 1) + 2(\omega_A + \omega_B))\,\Omega CB^{\mathrm{T}}\\
& + (\omega_C + 1)(\omega_B + \omega_C)\Omega AC^{\mathrm{T}} - (\omega_C + 1)(\omega_B + 1)\Omega BC^{\mathrm{T}} + (\omega_C^2 - 1)\Omega CC^{\mathrm{T}}.
\end{aligned}$$

Für ungekrümmte Ebenen, d. h. Ω vom Rang 1, ist o.B.d.A. $\omega_A = \omega_B = \omega_C = 1$ und schließlich $\mathcal{T}_\triangle \sim \mathcal{I}$.

Wir sehen uns den Paralleltransport in der Lobačevskij- und der De-Sitter-Geometrie auf den beiden Mercator-Karten an und wählen dazu ein geodätisches Vierseit zwischen einem Paar des vertikalen Geodätenbüschels.

Das De-Sitter-Modell beschreibt ein leeres Universum mit fester Grundkrümmung. Die den Horozyklen entsprechenden Ebenen (die Räume fester kosmologischer Zeit) erben eine euklidische Geometrie. Die einfachste Verallgemeinerung (das Standardmodell) betrifft nun ausschließlich den Verlauf des Maßstabs im geodätischen Fluss, die Expansionsrate. Ist das Universum nicht leer, bleibt aber dennoch homogen und isotrop, bestimmt die Friedmann-Gleichung ihren Verlauf.

In der Mercator-Karte der De-Sitter-Geometrie (Abb. 8.6) finden wir den Limespunkt O mit den Tangenten an Ω, die vertikalen Geodäten der Expansionsmarker, drei weitere zeitartige Geodäten (links) und zwei raumartige Geodäten (rechts). An den Ecken des Geodätenvierecks $PQRS$ sind die Normalen zu den raumartigen Geodäten gezeichnet. Man

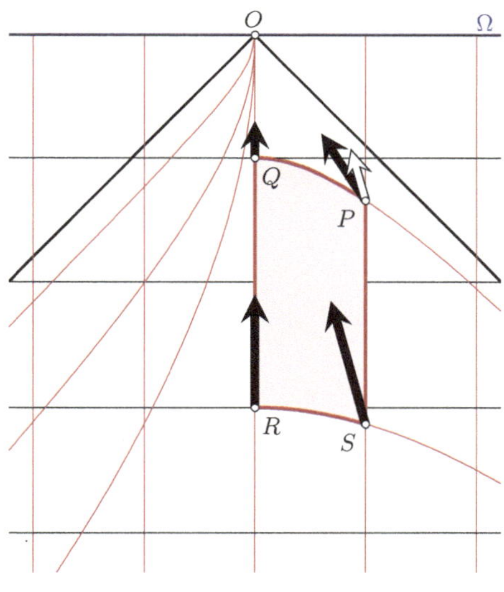

Abb. 8.6 Krümmung anhand der Mercator-Karte der De-Sitter-Geometrie

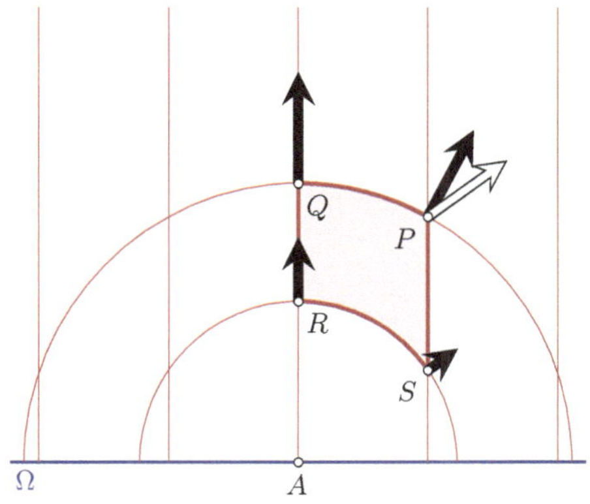

Abb. 8.7 Krümmung anhand der Mercator-Karte der Lobačevskij-Geometrie

beachte das Minkowski-Maß der Winkel und Längen. Wir verschieben den Vektor bei P über Q und R nach S. Da die folgende Verschiebung nach P an der vertikalen Geodäten die Neigung der Vektoren nicht ändert, ergibt sich der die Krümmung indizierende Unterschied.

In der Mercator-Karte der Lobačevskij-Geometrie (Abb. 8.7) finden wir die vertikalen Geodäten sowie zwei geodätische Kreisbögen um den Limespunkt A. An den Ecken des Geodätenvierecks $PQRS$ sind die Normalen zu den Kreisbögen gezeichnet. Wir verschieben den Vektor bei P über Q und R nach S. Da die folgende Verschiebung nach P an der vertikalen Geodäte die Neigung der Vektoren nicht ändert, ergibt sich der die Krümmung indizierende Unterschied.

Die drei brennpunktteilenden Ellipsen

9

Übersicht

Das Abschlusskapitel ist einem Problem gewidmet, das schnell gestellt ist, aber erstaunlich viele (auch zunächst versteckte) Strukturen bereithält.

In seiner rein euklidischen Ausprägung könnte man versucht sein, es direkt analytisch zu lösen. Allerdings wird man dann um die Untersuchung der Nullstellen von Polynomen vierten Grades nicht herumkommen. Aber dafür gibt es ja zum Glück noch Lösungsformeln – also alles kein Problem, oder?

Die projektive Sichtweise hingegen führt nicht nur auf sehr viel stärkere Resultate, sie vereinfacht auch die Beweise: Am Ende ist fast keine Rechnung mehr nötig.

Außerdem stellen singuläre Kegelschnitte ein wesentliches Werkzeug der Beweise dar. Singularitäten sind hier also nicht das Problem, das korrekt behandelt werden muss, sondern sie sind vielmehr die Lösung, die die Zusammenhänge regulärer Kegelschnitte offenbart.

9.1 Historisches

In den 1930er Jahren erschienen in der *Mathematical Gazette* einige Notizen Eric Harold Nevilles zu Eigenschaften dreier Ellipsen, die sich drei Brennpunkte teilen. Insbesondere beweist Neville (1936) folgenden Satz in der euklidischen Ebene:

© Springer-Verlag GmbH Deutschland 2017
S. Liebscher, *Projektive Geometrie der Ebene*, Springer-Lehrbuch Masterclass,
https://doi.org/10.1007/978-3-662-54080-0_9

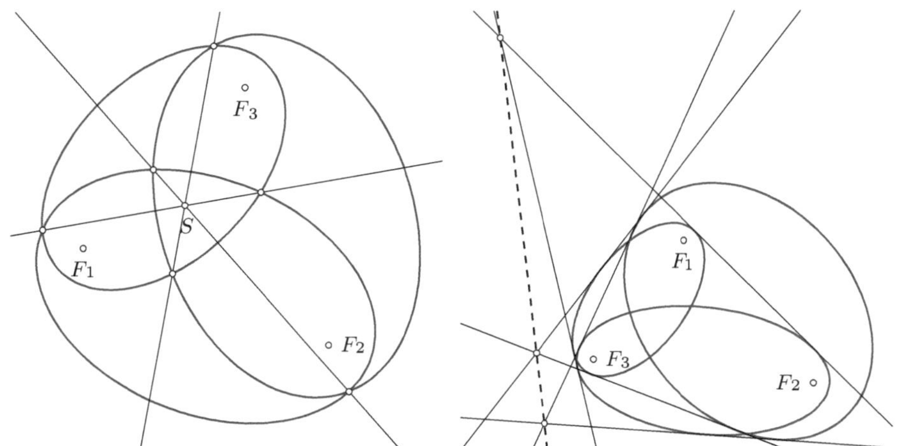

www.stefan-liebscher.de/geometry?preset=confocal&metric=euklidean

Abb. 9.1 Brennpunktteilende Ellipsen

Satz 9.1 *Teilen sich drei Ellipsen paarweise je einen Brennpunkt und liegt keine Ellipse vollständig innerhalb einer anderen, so schneiden sich die Geraden durch die paarweisen Schittpunkte in einem gemeinsamen Punkt (Abb. 9.1 links).*

In diesen Kontext gehört auch ein weiterer, sehr ähnlicher Satz von Bogdanov (2012):

Satz 9.2 *Teilen sich drei Ellipsen paarweise je einen Brennpunkt und liegt keine Ellipse vollständig innerhalb einer anderen, so schneiden sich die Paare gemeinsamer Tangenten in drei kollinearen Punkten (Abb. 9.1 rechts).*

Beide Sätze gelten auch, wenn sich die drei Ellipsen einen einzigen gemeinsamen Brennpunkt teilen. Darüber hinaus ist die von Neville (1936) beschriebene Inzidenzstruktur reichhaltiger als in diesen euklidischen Formulierungen ersichtlich. Auch wird eine projektive Verallgemeinerung bereits durch Neville (1937) und Lawrence (1937) angedeutet.

9.2 Allgemeine projektive Formulierungen

Wir wollen die projektive Verallgemeinerungen der vorgenannten Sätze untersuchen, die dann automatisch in allen Cayley-Klein-Geometrien gelten. Am interessantesten ist dabei die Verallgemeinerung des Satzes 9.1:

Satz 9.3 *Seien F_1, F_2, F_3 drei paarweise verschiedene Punkte, die paarweise jeweils Brennpunktpaare $(F_2, F_3), (F_1, F_3), (F_1, F_2)$ dreier regulärer Kegelschnitte C_1, C_2, C_3 bezüglich eines vierten Kegelschnittes $(\Omega, \Omega^\triangle)$ sind. Dann existiert ein vollständiges Viereck $P_1, \ldots, P_4$, dessen Seitenpaare durch die (je vier) Schnittpunkte $C_1 \cap C_2, C_2 \cap C_3, C_1 \cap C_3$ der Kegelschnittpaare verlaufen, d. h., es gibt vier Schnittpunkte $P_1, \ldots, P_4$ von je drei Linien durch je zwei gemeinsame Punkte der Kegelschnittpaare.*

Die Seiten dieses Vierecks sind die Brennlinien der drei Kegelschnittpaare (C_k, C_l), die durch den jeweiligen Diagonalpunkt D_m verlaufen, der Pol der Diagonalen durch den jeweiligen gemeinsamen Brennpunkt F_m ist.

Haben die drei Kegelschnitte einen gemeinsamen Brennpunkt, so kann auf den vermittelnden absoluten Kegelschnitt verzichtet werden:

Satz 9.4 *Seien C_1, C_2, C_3 reguläre Kegelschnitte mit einem gemeinsamen Brennpunkt F, d. h., die Tangentenpaare aus F an die drei Kegelschnitte stimmen überein. Dann existiert ein vollständiges Viereck $P_1, \ldots, P_4$, dessen Seitenpaare durch die (je vier) Schnittpunkte $C_1 \cap C_2, C_2 \cap C_3, C_1 \cap C_3$ der Kegelschnittpaare verlaufen, d. h., es gibt vier Schnittpunkte $P_1, \ldots, P_4$ von je drei Linien durch je zwei gemeinsame Punkte der Kegelschnittpaare.*

Die Seiten dieses Vierecks sind die Brennlinien der drei Kegelschnittpaare C_k, C_l, die durch den jeweiligen Diagonalpunkt verlaufen, der Pol der Diagonalen durch den gemeinsamen Brennpunkt F ist.

Der Punkt F wird zum Brennpunkt der Kegelschnitte bezüglich jedes absoluten Kegelschnittes $(\Omega, \Omega^\triangle)$, der tangential an das gemeinsame Tangentenpaar ist.

Bei der Verallgemeinerung des Satzes 9.2 ist zu beachten, dass jeweils ein Paar gemeinsamer Tangenten durch den gemeinsamen Brennpunkt verläuft:

Satz 9.5 *Seien F_1, F_2, F_3 drei paarweise verschiedene Punkte, die paarweise jeweils Brennpunktpaare $(F_2, F_3), (F_1, F_3), (F_1, F_2)$ dreier regulärer Kegelschnitte C_1, C_2, C_3 bezüglich eines vierten Kegelschnittes $(\Omega, \Omega^\triangle)$ sind. Dann bilden die gemeinsamen Brennpunkte F_1, F_2, F_3 zusammen mit den ihnen (als Brennpunktpaare bezüglich C_k, C_ℓ) jeweils gegenüberliegenden Brennpunkten $\tilde{F}_1, \tilde{F}_2, \tilde{F}_3$ ein vollständiges Vierseit. Es gibt also vier Linien, auf denen je drei Schnittpunkte gemeinsamer Tangenten liegen.*

Haben die drei Kegelschnitte einen gemeinsamen Brennpunkt, so kann wie zuvor auf den vermittelnden absoluten Kegelschnitt verzichtet werden:

Satz 9.6 *Seien C_1, C_2, C_3 Kegelschnitte mit einem gemeinsamen Brennpunkt F, d. h., die Tangentenpaare aus F an die drei Kegelschnitte stimmen überein. Dann sind Schnittpunkte der drei Paare übriger gemeinsamer Tangenten der Kegelschnittpaare kollinear.*

Die duale Formulierung der letzten Aussage ist auch als „Three Conics Theorem" bekannt:

www.stefan-liebscher.de/geometry?preset=3conics&metric=elliptic

Abb. 9.2 Konkurrente gemeinsame Sehnen dreier Kegelschnitte

Satz 9.7 *Schneiden sich drei (reguläre) Kegelschnitte in zwei gemeinsamen Punkten A, B,
so sind die drei nicht durch A, B verlaufenden gemeinsamen Sehnen der Kegelschnittpaare
konkurrent (Abb. 9.2).*

Übung 9.8 Gib duale Formulierungen der übrigen drei Sätze an.

9.3 Algebraische Beweise

Beweis (Satz 9.3). Seien also $C_k, k = 1, 2, 3$ die regulären Kegelschnitte, und jeweils
F_ℓ, F_m ein Brennpunktpaar von (C_k, C_k^{-1}) und $(\Omega, \Omega^\triangle)$ für $\{k, \ell, m\} = \{1, 2, 3\}$. Sei nun
$F_m, \tilde{F}_m$ jeweils ein Brennpunktpaar von C_k, C_ℓ für $\{k, \ell, m\} = \{1, 2, 3\}$. Ist $F_m \neq \tilde{F}_m$ (d. h.
keine Kreislage), finden wir die Diagonallinien

$$d_m \ \sim\ F_m \times \tilde{F}_m, \qquad m = 1, 2, 3,$$

und die gegenüberliegenden Diagonalpunkte

$$D_m \ \sim\ C_k F_m \times C_\ell \tilde{F}_m \ \sim\ C_k^{-1} d_m \ \sim\ C_\ell^{-1} d_m, \qquad k, \ell, m = \{1, 2, 3\},$$

(Im Spezialfall der Kreislage wählen wir stattdessen eine beliebige (nichttangentiale)
Gerade d_m durch F_m als Diagonale und deren Pol D_m auf dem dualen Mittelpunkt als
Diagonalpunkt.)

Die gesuchten Brennlinien (die das behauptete vollständige Viereck bilden sollen)
bilden die singulären Kegelschnitte

$$\mathcal{N}_m \ :\sim\ C_\ell[D_m]C_k - C_k[D_m]C_\ell, \qquad \{k, \ell, m\} = \{1, 2, 3\}.$$

Jeder Summand ist quadratisch in D_m. Wir können also D_m einmal durch $C_k^{-1} d_m$ und
einmal durch $C_\ell^{-1} d_m$ ersetzen:

$$
\begin{aligned}
\mathcal{N}_m \ &\sim\ (d_m^{\mathrm{T}} C_k^{-1}) C_\ell (C_\ell^{-1} d_m) C_k - (d_m^{\mathrm{T}} C_k^{-1}) C_k (C_\ell^{-1} d_m) C_\ell \\
&=\ C_k^{-1}[d_m]C_k - C_\ell^{-1}[d_m]C_\ell, \qquad \{k, \ell, m\} = \{1, 2, 3\}.
\end{aligned}
$$

Wir fixieren daher Vertreter und wählen

$$\mathcal{N}_m = \mathcal{C}_{m+1}^{-1}[d_m]\mathcal{C}_{m+1} - \mathcal{C}_{m-1}^{-1}[d_m]\mathcal{C}_{m-1} \qquad (m \bmod 3).$$

Nun benutzen wir die Voraussetzung, dass F_k, F_l auch Brennpunkte bezüglich des vierten Kegelschnittes sind: Die Doppelgerade durch die jeweiligen Brennpunktpaare liegt im dualen Büschel, d. h., es gibt Konstanten λ_m, μ_m, sodass

$$\mathcal{C}_m^{-1} = \lambda_m(F_k F_\ell^{\mathsf{T}} + F_\ell F_k^{\mathsf{T}}) + \mu_m \Omega^\triangle, \qquad \{k, \ell, m\} = \{1, 2, 3\}.$$

(Beachte, dass selbst für eine Doppelgerade Ω die angegebene Familie nicht trivial sein kann. In der Tat können drei Punkte F_1, F_2, F_3 nicht paarweise in den absoluten Polen liegen.) Wir erhalten

$$\mathcal{C}_m^{-1}[d_k] = \mu_m \Omega^\triangle[d_k], \qquad \mathcal{C}_m^{-1}[d_\ell] = \mu_m \Omega^\triangle[d_\ell], \qquad \{k, \ell, m\} = \{1, 2, 3\}.$$

Dies liefert

$$0 = \sum_{m=1}^{3} \Omega^\triangle[d_{m-1}]\Omega^\triangle[d_{m+1}]\mathcal{N}_m \qquad (m \bmod 3).$$

Die drei singulären Kegelschnitte $\mathcal{N}_m$, $m = 1, 2, 3$, sind also linear abhängig, d. h., sie liegen in einem gemeinsamen Kegelschnittbüschel und haben vier gemeinsame Punkte.

$\square$

Auch singuläre Kegelschnitte $\mathcal{C}_k$ können erlaubt werden. Wählen wir F_m in einem der absoluten Pole von $(\mathcal{C}_k, \mathcal{C}_k^\triangle)$, so sind die übrigen Voraussetzungen und Behauptungen des Satzes trivial erfüllt. Die einzig verbleibende Bedingung ist, dass $F_k F_\ell^{\mathsf{T}} + F_\ell F_k^{\mathsf{T}}$ und $\Omega^\triangle$ ein reguläres Büschel bilden.

Beweis (Satz 9.4). Liege F auf keinem der Kegelschnitte. Seien $t, \tilde{t}$ die beiden gemeinsamen Tangenten. Dann kann jeder der Kegelschnitte als Element der jeweiligen Kreisfamilie mit Mittelpunkt F angesehen werden, also:

$$\mathcal{C}_k \sim t\tilde{t}^{\mathsf{T}} + \tilde{t}t^{\mathsf{T}} + \mu_k \mathcal{C}_k FF^{\mathsf{T}}\mathcal{C}_k, \qquad k = 1, 2, 3.$$

Die F gegenüberliegenden Diagonalpunkte sind die Schnittpunkte der jeweiligen Polaren von F, d. h., $D_m \sim \mathcal{C}_k F \times \mathcal{C}_\ell F$ für $\{k, \ell, m\} = \{1, 2, 3\}$.

In allgemeiner Lage ist $(t\tilde{t}^{\mathsf{T}})[D_m] \neq 0$. Die singulären Kegelschnitte

$$\mathcal{N}_m \sim \mathcal{C}_\ell[D_m]\mathcal{C}_k - \mathcal{C}_k[D_m]\mathcal{C}_\ell \sim \mu_k \mathcal{C}_k FF^{\mathsf{T}}\mathcal{C}_k - \mu_\ell \mathcal{C}_\ell FF^{\mathsf{T}}\mathcal{C}_\ell, \qquad \{k, \ell, m\} = \{1, 2, 3\},$$

zerfallen dann in die relevanten Brennlinien. (Beachte: $\mathcal{N}_m[D_m] = 0$.) Offenbar sind die Kegelschnitte N_1, N_2, N_3 linear abhängig. Also bilden die Brennlinien wieder genau das behauptete vollständige Viereck.

Falls $(\tilde{t}\tilde{t}^{\mathrm{T}})[D_m] = 0$, also der Diagonalpunkt auf der Tangente liegt, bilden C_k, C_ℓ eine Parabelfamilie. Die singulären Kegelschnitte

$$\mathcal{N}_m \;\sim\; \mu_k C_k F F^{\mathrm{T}} C_k - \mu_\ell C_\ell F F^{\mathrm{T}} C_\ell$$

sind Elemente der jeweiligen Büschel, also die jeweils eindeutigen doppelten singulären Elemente. Sie zerfallen wieder in die relevanten Brennlinien und sind wie im allgemeinen Fall linear abhängig. $\qquad\Box$

Beweis (Satz 9.5). Wir argumentieren wie im Beweis des Satzes 9.3. Die in die gemeinsamen Tangenten zerfallenden singulären Kegelschnitte sind diesmal direkt gegeben als durch die Diagonallinien ausgewählten Vertreter der dualen Büschel:

$$\mathcal{N}_m^\triangle \;=\; C_{m-1}^{-1}[d_m]C_{m+1}^{-1} - C_{m+1}^{-1}[d_m]C_{m-1}^{-1} \qquad (m \bmod 3).$$

Wir benutzen wieder die Brennpunkteigenschaft bezüglich des absoluten Kegelschnittes,

$$C_m^{-1}[d_k] \;=\; \mu_m \Omega^\triangle[d_k], \qquad C_m^{-1}[d_\ell] \;=\; \mu_m \Omega^\triangle[d_\ell], \qquad \{k,\ell,m\} = \{1,2,3\},$$

und erhalten

$$0 \;=\; \sum_{m=1}^{3} \mu_m \Omega^\triangle[d_{m-1}]\Omega^\triangle[d_{m+1}]\mathcal{N}_m^\triangle \qquad (m \bmod 3).$$

Die singulären Kegelschnitte $\mathcal{N}_m^\triangle$, $m = 1,2,3$, sind also linear abhängig, und ihre absoluten Pole $F_m, \tilde{F}_m$, $m = 1,2,3$, sind die Ecken eines vollständigen Vierseits. $\qquad\Box$

Beweis (Satz 9.6). Liege F auf keinem der Kegelschnitte. Seien $t, \tilde{t}$ die beiden gemeinsamen Tangenten. (Wir setzen $t \neq \tilde{t}$ voraus. Außerdem soll F nicht absoluter Pol eines der Kegelschnitte sein.) Dann kann jeder der Kegelschnitte als Element der jeweiligen Kreisfamilie mit Mittelpunkt F angesehen werden, also:

$$C_k^\triangle \;\sim\; F F^{\mathrm{T}} + \mu_k \left(C_k^\triangle \tilde{t}\tilde{t}^{\mathrm{T}} C_k^\triangle + C_k^\triangle \tilde{t}\tilde{t}^{\mathrm{T}} C_k^\triangle \right), \qquad k = 1,2,3.$$

Die drei Elemente der dualen Büschel $\langle C_k^\triangle, C_\ell^\triangle \rangle^\triangle$, die durch F gehen, sind singulär und zerfallen gerade in F und den jeweils gegenüberliegenden Brennpunkt $\tilde{F}_m$, also

$$F\tilde{F}_m^{\mathrm{T}} + \tilde{F}_m F^{\mathrm{T}} \;\sim\; \mathcal{N}_m^\triangle \;\sim\; C_\ell^\triangle[t + \tilde{t}]C_k^\triangle - C_k^\triangle[t + \tilde{t}]C_\ell^\triangle, \qquad \{k,\ell,m\} = \{1,2,3\}.$$

Einsetzen (und Wahl von Vertretern) ergibt

$$\mathcal{N}_m^\triangle \;=\; \mu_{m-1}(t^{\mathrm{T}}C_{m-1}^\triangle \tilde{t})^2 C_{m+1}^\triangle - \mu_{m+1}(t^{\mathrm{T}}C_{m+1}^\triangle \tilde{t})^2 C_{m-1}^\triangle \qquad (m \bmod 3).$$

Diese singulären Kegelschnitte sind wegen

$$0 \;=\; \sum_{m=1}^{3} \mu_m (t^{\mathrm{T}} \mathcal{C}_m^{\triangle} \tilde{t})^2 \mathcal{N}_m^{\triangle} \qquad (m \bmod 3).$$

wieder linear abhängig. $\qquad\qquad\square$

Übung 9.9 Diskutiere die Gültigkeit der Sätze für singuläre Kegelschnitte bzw. singuläre Lagen.

Anhang A Lineare Algebra

Übersicht

Dieser Anhang dient der Wiederholung einiger Diagonalisierungssätze von Matrizen bzw. quadratischen Formen. In Kap. 4 definieren wir Kegelschnitte als Nullstellengebilde quadratischer Formen. Die Normalformen (4.2) dieser Kegelschnitte werden durch Diagonalisierung gewonnen.

A.1   Matrizen

Sei $A = A_\ell^k$ eine $(n \times m)$ Matrix mit Einträgen aus $\mathbb{K} \in \{\mathbb{R}, \mathbb{C}\}$. Wir definieren

- die Transponierte $A^{\mathrm{T}} = A_k^\ell$,
- die (komplex) Konjugierte $\overline{A} = \overline{A_\ell^k}$,
- die Adjungierte $A^* = \overline{A}^{\mathrm{T}} = \overline{A^{\mathrm{T}}} = \overline{A_k^\ell}$

und für quadratische Matrizen, $n = m$:

- die Determinante $\det A = \sum_{\pi \in S_n} \mathrm{sgn}\,(\pi) \prod_{k=1}^n A_{\pi(k)}^k$,

© Springer-Verlag GmbH Deutschland 2017

S. Liebscher, *Projektive Geometrie der Ebene*, Springer-Lehrbuch Masterclass,

https://doi.org/10.1007/978-3-662-54080-0

- die Kofaktormatrix

$$
\mathrm{cof}(A)^k_\ell \;=\; \det
\begin{bmatrix}
A^1_1 & \cdots & A^1_{\ell-1} & 0 & A^1_{\ell+1} & \cdots & A^1_n \\
\vdots & \ddots & \vdots & \vdots & \vdots & \ddots & \vdots \\
A^{k-1}_1 & \cdots & A^{k-1}_{\ell-1} & 0 & A^{k-1}_{\ell+1} & \cdots & A^{k-1}_n \\
0 & \cdots & 0 & 1 & 0 & \cdots & 0 \\
A^{k+1}_1 & \cdots & A^{k+1}_{\ell-1} & 0 & A^{k+1}_{\ell+1} & \cdots & A^{k+1}_n \\
\vdots & \ddots & \vdots & \vdots & \vdots & \ddots & \vdots \\
A^n_1 & \cdots & A^n_{\ell-1} & 0 & A^n_{\ell+1} & \cdots & A^n_n
\end{bmatrix},
$$

- die Adjunkte $A^\triangle = \mathrm{cof}(A^\mathrm{T}) = \mathrm{cof}(A)^\mathrm{T}$ (transponierte Kofaktormatrix).

Dann ist $AA^\triangle = A^\triangle A = (\det A)\mathcal{I}$ und für $n = 3$ insbesondere

$$
6\det A \;=\; \varepsilon_{ijk}\varepsilon^{\ell mn}A^i_\ell A^j_m A^k_n, \qquad 2(A^\triangle)^k_\ell \;=\; \varepsilon_{kij}\varepsilon^{\ell mn}A^i_m A^j_n.
$$

Wir nennen

- A symmetrisch, falls $A^\mathrm{T} = A$,
- A selbstadjungiert, falls $A^* = A$,
- A (i.d.R. reell) orthogonal, falls $A^\mathrm{T} = A^{-1}$,
- A unitär, falls $A^* = A^{-1}$,
- A normal, falls $A^*A = AA^*$.

A.2　Reelle Normalform

Proposition A.1 Ist A reell und symmetrisch, so existiert ein reeller orthogonaler Koordinatenwechsel,

$$
O^{-1}AO \;=\; O^\mathrm{T}AO \;=\; D \;=\; \mathrm{diag}\,(d_1,\ldots,d_n),
$$

der A diagonalisiert. Die Einträge d_ℓ der Diagonalmatrix sind die Eigenwerte von A.

Die reelle Transformation $L = O\tilde{D}$ mit geeigneter Diagonalmatrix $\tilde{D}$ bringt die zugehörige reelle quadratische Form auf ihre Sylvester-Normalform:

$$
L^\mathrm{T}AL \;=\; D \;=\; \mathrm{diag}\,(d_1,\ldots,d_n), \qquad d_\ell \in \{0,\pm 1\}.
$$

Beweis Ist A reell und symmetrisch, so sind die Eigenwerte reell. Ihre algebraischen und geometrischen Vielfachheiten stimmen jeweils überein (nur triviale Jordan-Blöcke).

Eigenvektoren zu verschiedenen Eigenwerten sind orthogonal. Gram-Schmidt-Orthonormalisierung der Eigenvektoren in den Eigenräumen liefert die orthogonale Transformationsmatrix. $\square$

A.3 Komplexe Normalform

Der obige Beweis zeigt auch, dass kommutierende symmetrische Matrizen gemeinsam diagonalisiert werden können.

Proposition A.2 Ist A normal (und komplex), so existiert ein unitärer Koordinatenwechsel,

$$U^{-1}AU \;=\; U^*AU \;=\; D \;=\; \mathrm{diag}\,(d_1,\ldots,d_n),$$

der A diagonalisiert. Die Einträge d_ℓ der Diagonalmatrix sind die Eigenwerte von A.

Beweis Die Schur-Zerlegung transformiert eine allgemeine Matrix A auf eine obere Dreiecksmatrix $R = \tilde{U}^{-1}A\tilde{U}$, $\tilde{U}$ unitär. Ist A normal, so auch R. Also ist R diagonal: $R = \mathrm{diag}\,(d_1,\ldots,d_n)$. $\square$

Proposition A.3 Ist A komplex symmetrisch, so existiert eine unitäre Matrix U, sodass

$$U^{\mathrm{T}}AU \;=\; D \;=\; \mathrm{diag}\,(d_1,\ldots,d_n),$$

mit nichtnegativen reellen Einträge $d_\ell \geq 0$: den Absolutbeträgen der Eigenwerte von A. Die Transformation $L = U\tilde{D}$ mit geeigneter Diagonalmatrix $\tilde{D}$ bringt die zugehörige komplexe quadratische Form auf ihre kanonische Form:

$$L^{\mathrm{T}}AL \;=\; D \;=\; \mathrm{diag}\,(d_1,\ldots,d_n), \qquad d_\ell \in \{0,1\}.$$

Beweis Ist A symmetrisch, so ist A^*A selbstadjungiert, also normal. Daher existiert eine unitäre Transformation $\tilde{U}$ auf eine Diagonalmatrix $\tilde{U}^*A^*A\tilde{U} = \hat{D}$. Da A symmetrisch ist, sind die Eigenwerte von A^*A reell, also $\hat{D}$ reell symmetrisch. Mit A ist auch $\tilde{A} = \tilde{U}^{\mathrm{T}}A\tilde{U}$ symmetrisch, außerdem $\tilde{A}^*\tilde{A} = \hat{D}$ reell. Dies zeigt, dass Realteil $\mathfrak{R}_{\tilde{A}}$ und Imaginärteil $\mathfrak{I}_{\tilde{A}}$ von $\tilde{A}$ kommutieren, also (als symmetrische reelle Matrizen) gemeinsam orthogonal diagonalisiert werden können. Sei O die entsprechende reelle orthogonale Matrix, sodass $O^{\mathrm{T}}\mathfrak{R}_{\tilde{A}}O$ und $O^{\mathrm{T}}\mathfrak{I}_{\tilde{A}}O$ reell diagonal sind. Dann ist $O^{\mathrm{T}}\tilde{U}^{\mathrm{T}}A\tilde{U}O$ diagonal. Durch eine geeignete Diagonalmatrix $\tilde{D} = \mathrm{diag}\,(\tilde{d}_1,\ldots,\tilde{d}_n)$, $\tilde{d}_\ell = \exp(-\mathbf{i}\tfrac{1}{2}\arg{(O^{\mathrm{T}}\tilde{U}^{\mathrm{T}}A\tilde{U}O)_{\ell\ell}})$, können die Einträge auf die nichtnegative reelle Achse gedreht werden, sodass $U = \tilde{U}O\tilde{D}$ die behauptete Transformation darstellt. $\square$

Literatur

Bachmann, Friedrich: *Aufbau der Geometrie aus dem Spiegelungsbegriff.* 2nd ext. edn. Springer, New York (1973). 374 S.

Beutelspacher, Albrecht, Rosenbaum, Ute: *Projektive Geometrie. Von den Grundlagen bis zu den Anwendungen.* 2nd edn. Vieweg, Braunschweig (2004). x + 265 S. ISBN 3–528–17241–X/pbk

Bogdanov, Ilya I.: Two theorems on the focus-sharing ellipses: a three-dimensional view. *J. Class. Geom.* 1 (2012), S. 1–5.

Coxeter, H.S.M.: *Projective geometry.* 2nd edn. Springer, New York (1987). ISBN 0–387–96532–7

Hilbert, David: *Grundlagen der Geometrie. Mit Supplementen von Paul Bernays. Mit Beiträgen von Michael Toepell, Hubert Kiechle, Alexander Kreuzer and Heinrich Wefelscheid. Herausgegeben und mit Anhängen von Michael Toepell.* 14th edn. B.G. Teubner, Stuttgart (1899/1999). xxiii + 408 s. S. ISBN 3–519–00237–X/hbk

Klein, Felix: *Ostwalds Klassiker der exakten Wissenschaften.* Bd. 253: *Das Erlanger Programm. Vergleichende Betrachtungen über neuere geometrische Forschungen. Eingeleitet und mit Anmerkungen versehen von Hans Wussing.* Akademische Verlagsgesellschaft Geest & Portig K.-G., Leipzig (1871/1974). 84 S.

Lawrence, B. E.: Note on the focus sharing conics. *Math. Gaz.* 21 (1937), Nr. 243, S. 160–161. http://dx.doi.org/10.2307/3607595. DOI 10.2307/3607595. ISSN 0025–5572

Liebscher, Dierck-Ekkehard: *Einsteins Relativitätstheorie und die Geometrien der Ebene. Illustrationen zum Wechselspiel von Geometrie und Physik.* Teubner, Stuttgart (1999). 256 S. ISBN 3–519–00278–7/hbk

Liebscher, Dierck-Ekkehard: *The Geometry of Time.* Wiley-VCH, Weinnheim (2005).

Neville, Eric H.: A focus-sharing set of three conics. *Math. Gaz.* 20 (1936), Nr. 239, S. 182–183. http://dx.doi.org/10.2307/3608065. DOI 10.2307/3608065. ISSN 0025–5572

Neville, Eric H.: The focus-sharing conics again. *Math. Gaz.* 21 (1937), Nr. 242, S. 56. http://dx.doi.org/10.2307/3608065. DOI 10.2307/3608065

Richter-Gebert, Jürgen: *Perspectives on projective geometry. A guided tour through real and complex geometry.* Springer, Berlin (2011). xxii + 571 S. http://dx.doi.org/10.1007/978-3-642-17286-1. http://dx.doi.org/10.1007/978-3-642-17286-1. ISBN 978–3–642–17285–4/hbk; 978–3–642–17286–1/ebook

Russo, Lucio: *Die vergessene Revolution oder die Wiedergeburt des antiken Wissens.* Springer, Berlin (2005). ix + 545 S. http://dx.doi.org/10.1007/3-540-27707-2. http://dx.doi.org/10.1007/3-540-27707-2. ISBN 3–540–20938–7/hbk

© Springer-Verlag GmbH Deutschland 2017
S. Liebscher, *Projektive Geometrie der Ebene*, Springer-Lehrbuch Masterclass,
https://doi.org/10.1007/978-3-662-54080-0